EXERCICES PRATIQUES
DE CALCUL

SUR

L'ARITHMÉTIQUE ET LE SYSTÈME MÉTRIQUE

préparés

POUR CHAQUE JOUR DE L'ANNÉE SCOLAIRE

(COURS MOYEN)

Ouvrage entièrement conforme au programme adopté pour les écoles communales du département de la Seine

PAR

A. F. CUIR

Instituteur.

NOUVELLE ÉDITION

PARIS
CH. BAZIN, MAISON VANBLOTAQUE
174, RUE SAINT-JACQUES, 174
ET CHEZ L'AUTEUR
A MONTGERON (SEINE-ET-OISE)

1878

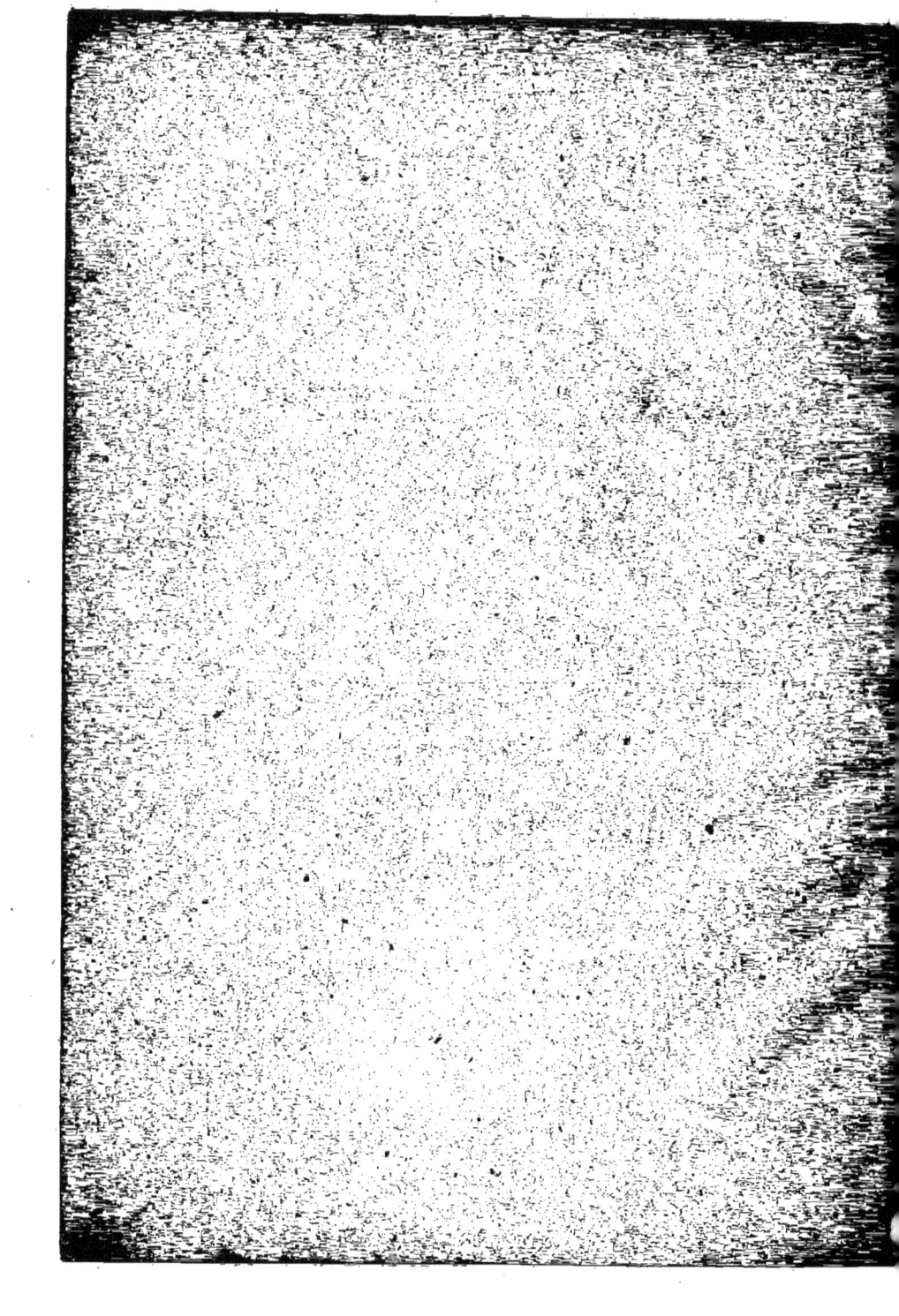

EXERCICES PRATIQUES
DE CALCUL

SUR

L'ARITHMÉTIQUE ET LE SYSTÈME MÉTRIQUE

préparés

POUR CHAQUE JOUR DE L'ANNÉE SCOLAIRE

(COURS MOYEN)

Ouvrage entièrement conforme au programme adopté pour les écoles communales du département de la Seine

PAR

A.-F. CUIR
Instituteur.

NOUVELLE ÉDITION

PARIS

CH. BAZIN, MAISON VANBLOTAQUE

174, RUE SAINT-JACQUES, 174

ET CHEZ L'AUTEUR

A MONTGERON (SEINE-ET-OISE)

—

1878

(Propriété de l'auteur. — Tous droits réservés.)

AVERTISSEMENT

Ce cours étant essentiellement pratique, il va sans dire que les exercices indiqués pour chaque jour ne peuvent suppléer aux développements oraux à donner par le maître. Chaque devoir devra préalablement fournir le sujet d'un exercice similaire au tableau. Mes collègues pourront suivre pour la théorie n'importe quel ouvrage ; le programme imprimé en tête de chaque mois leur indiquera suffisamment les matières que devront étudier leurs élèves pour retirer des exercices pratiques tout le fruit possible.

Peut-être trouvera-t-on que je vais un peu vite et que je ne m'appesantis pas assez sur certains points. A cela je répondrai que, d'abord, je ne fais que développer le programme officiel, et qu'ensuite, les élèves restant ordinairement assez longtemps à l'école pour doubler les deux premiers cours, ceux qui auront eu de la peine à suivre leurs camarades pendant la première année, referont avec plus de fruit les mêmes exercices l'année suivante. Cela vaut mieux que de retarder l'ensemble de la division pour quelques élèves, qui peut-être à la fin n'en seraient pas plus avancés. D'un autre côté, cela permet à des élèves déjà âgés et n'ayant que peu d'années à venir à l'école, d'embrasser en 2 ou 3 ans l'ensemble du programme.

On ne pourrait sans inconvénient omettre aucune partie de ces devoirs ; si donc, pour une raison quelconque, on se trouvait en retard, il faudrait doubler la tâche journalière, jusqu'à ce qu'on se soit remis au courant.

NOTA. — Dans le premier mois, les exercices de numération décimale s'appliquent généralement au système métrique; cela vaut beaucoup mieux que de les avoir fait rouler uniquement sur des nombres abstraits : de sorte que dans ce mois les deux parties du programme sont confondues. Pour les autres mois, ces deux parties sont distinctes : les exercices de système métrique ont lieu le mardi et le vendredi.

EXERCICES DE CALCUL

SUR L'ARITHMÉTIQUE ET LE SYSTÈME MÉTRIQUE

PREMIER MOIS.

PROGRAMME :

ARITHMÉTIQUE.

Numération des nombres entiers et des nombres décimaux. — Explication du principe que la valeur d'un nombre décimal ne change pas quand on écrit ou qu'on supprime des zéros sur sa droite. — Rendre un nombre entier ou un nombre décimal 10, 100, 1000 fois plus grand ou plus petit.
Addition et soustraction des nombres entiers et des nombres décimaux. — Règles pratiques et application. — Problèmes.

SYSTÈME MÉTRIQUE.

Notions générales. — Le système métrique est décimal ; avantages qui en résultent. — Ce qu'on entend par mesurer. — Diverses espèces de mesures ; leur emploi. — Définitions des unités de mesure ; leur rapport avec le mètre.
Multiples et sous-multiples décimaux des unités métriques ; comment on les exprime et ce qu'ils sont par rapport à l'unité. — Mesures effectives : unités, multiples et sous-multiples, doubles et moitiés de ces mesures.

1ʳᵉ SEMAINE.

LUNDI.

Écrire successivement : un, deux, trois, quatre, cinq, six, sept, huit et neuf dixièmes.
Même exercice, en prenant le mètre pour unité. Ex.

EXERCICES DE CALCUL.

3. Même exercice, en prenant le stère pour unité. Ex. 0ˢ,1.
4. Même exercice sur les décilitres.
5. Même exercice sur les décigrammes.
6. Même exercice sur les dixièmes de franc, ou décimes.

MARDI.

1. Écrire 5 dixièmes, 3 décilitres, 4 décigrammes, 3 décistères, 9 dixièmes et 8 décimes.
2. Écrire et additionner 1 mètre + 5 décimètres + 5 mètres + 9 décimètres + 4 décimètres + 25 mètres.
3. Additionner 4 litres + 0ˡ,7 + 3ˡ,4 + 1ˡ,5 + 0ˡ,6 + 0ˡ,9 + 45ˡ.
4. Écrire et additionner 5 unités 4 dixièmes + 3 unités 7 dixièmes + 17 unités + 39 unités 2 dixièmes + 8 dixièmes + 25 unités.

MERCREDI.

1. Écrire et additionner 9 décigrammes + 8 décigrammes + 9 grammes + 3 gr. et 4 décigr. + 25 gr. + 6 gr. et 8 décig. + 7 décig.
2. Additionner 6 francs + 9ᶠ,5 + 39ᶠ + 4ᶠ,8 + 16ᶠ,5 + 0ᶠ,9.
3. Écrire et additionner 8 dixièmes + 5 unités 4 dixièmes + 35 unités + 7 unités 9 dixièmes + 6 dixièmes + 2 dixièmes.
4. Additionner 75 mètres + 15 décimètres + 39 mètres.

VENDREDI.

1. Écrire en mètres un, deux, trois, quatre, cinq, six, sept, huit, neuf décamètres.
2. Écrire en grammes un, deux, trois, quatre, cinq, six, sept, huit, neuf décagrammes.
3. Écrire et additionner 3 décalitres + 6 litres + 9 décalitres + 4 décalitres et 5 litres + 8 litres + 1 décalitre.
4. Écrire et additionner 3 décastères + 5 stères + 8 décistères + 4 stères et 7 décistères + 8 décastères et 2 décistères + 7 stères + 6 décistères.

PREMIER MOIS.

SAMEDI.

1. Additionner 25^g,5 + 7^g + 0^g,8 + 97^g,7 + 5^g,4 + 0^g,9.
2. Écrire et additionner 6 décimètres + 6 décamètres + 1 mètre + 1 décimètre + 4 mètres et 3 décimètres + 7 décamètres et 3 décimètres + 25 mètres + 10 décimètres.
3. Additionner 35 décalitres + 35 décilitres.
4. Additionner 15 unités + 8 dixièmes + 450 unités et 4 dixièmes + 7 dixièmes + 100 unités 8 dixièmes + 3 unités 5 dixièmes + 45 unités.

2me SEMAINE.

LUNDI.

1. Écrire un, deux, trois, quatre, cinq, six, sept, huit, neuf, dix centièmes.
2. Écrire un, deux, trois, quatre, cinq, six, sept, huit, neuf et dix centimètres.
3. Écrire onze, douze, treize, quatorze, quinze, seize, dix-sept, dix-huit, dix-neuf, vingt centiares.
4. Écrire vingt et un, vingt-deux, vingt-trois, vingt-quatre, vingt-cinq, vingt-six, vingt-sept, vingt-huit, vingt-neuf, trente centilitres.
5. Écrire trente-cinq, quarante, quarante-cinq, cinquante, cinquante-cinq, soixante, soixante-cinq centigrammes.
6. Écrire soixante-dix, soixante-quinze, quatre-vingts, quatre-vingt-cinq, quatre-vingt-dix, quatre-vingt-quinze et cent centimes.

MARDI.

1. Additionner 5 mètres + 0^m,5 + 6^m,75 + 48^m,50 + 0^m,4 + 0^m,8 + 67^m,45.
2. Additionner 48 litres + 0 lit.,29 + 4 lit.,25 + 0 lit.,7 + 50 lit.,80 + 3 lit.,50 + 0 lit.,5.
3. Écrire et additionner 4 décagrammes et 5 grammes + 50 centigrammes + 3 gr. et 5 centigrammes + 8 centi-

grammes + 7 décigrammes + 3 décagrammes et 25 centigrammes + 45 grammes.

4. Additionner 75 centimètres + 5 décamètres + 840 centimètres.

MERCREDI.

1. Écrire en grammes, un, deux, trois, quatre, cinq, six, sept, huit et neuf hectogrammes.

2. Écrire en litres un, deux, trois, quatre, cinq, six, sept, huit et neuf hectolitres.

3. Écrire et additionner 3 hectogrammes + 6 grammes + 5 décagrammes + 8 hectogrammes et 5 grammes + 25 décagrammes + 9 hectogrammes.

4. Écrire et additionner 3 hectom. 5 décim. + 4 décam. et 15 centim. + 25 centim. + 4 décim. + 2 hectom. et 2 centimètres + 5 décam. et 15 décim.

VENDREDI.

1. Additionner 475f,50 + 3f,75 + 9f + 0f,45 + 7f,30 + 379f,05 + 0f,25 + 7f.

2. Un propriétaire a 6 champs : le premier contient 7 ares 25 centiares; le deuxième, un hectare et 6 ares; le troisième, 42 ares et 8 centiares; le quatrième, 2 hectares et 75 centiares; le cinquième, 17 ares et 17 centiares; et le sixième, 1 hectare 5 centiares. Faites le total de ses propriétés.

3. Un marchand de vin a cinq fûts de vin. Le premier contient 2 hectolitres et 25 litres, le deuxième 15 décalitres 7 litres, le troisième 1/2 hectolitre et 75 décilitres, le quatrième 35 décalitres, et le cinquième 2 hectolitres 1/2. Combien a-t-il de vin en tout ?

SAMEDI.

1. Écrire en mètres 5, 6, 8, 10, 15, 25 kilomètres.

2. Écrire en mètres et additionner 4 kilomètres + 5 décamètres + 8 kilomètres + 25 mètres + 25 hectomètres + 7 kilomètres et 4 décamètres + 9 hectomètres + 8 kilomètres et 5 mètres + 4 kilomètres et 7 hectomètres.

3. Écrire et additionner 1, 2, 3, 5, 10, 15, 50, 100, 600, 800 et 1000 millimètres.

PREMIER MOIS.

Écrire et additionner 3 millièmes + 75 unités + 8 unités + 8 millièmes + 25 millièmes + 1 unité 325 millièmes + 750 millièmes + 7 millièmes + 785 unités et 5 millièmes.

3ᵐᵉ SEMAINE.

LUNDI.

1. Multiplier par 10 chacun des nombres suivants : 10, — 45, — 25, — 3400, — 43,745, — 0,5, — 75,25.

2. Écrire et additionner 5 myriamètres + 2 myriamètres 5 kilomètres + 7 Mm. et 8 Hm. + 9 Mm. et 6 Dm. + 45 Hm + 2 Km. et 7 mètres + 35 Mm. (1).

3. Additionner 4,5 + 87,425 + 375 + 0,752 + 9,75 + 10 + 0,08 + 5.200,45 + 7.

4. Faire les soustractions suivantes : 543,25 — 375,48 ; 739,60 — 495,35 ; 4.739,10 — 89,50.

MARDI.

1. Multiplier par 100, puis par 1000, chacun des nombres suivants : 32,5 — 43ᶠ,50 — 5ᶠ — 45ˡ,2 — 6 400ᵐ — 65ᵃ,35 — 29 stères.

2. Écrire et additionner 45 Hm. + 9 Mm. + 4 Km. et 5 m + 95 Dm. + 4 Dm. et 5 dm + 3 Mm. et 3 mm. + 5 cm.

3. Additionner 4 grammes + 507ᵍ,85 + 0ᵍ,28 + 475ᵍ,20 + 970ᵍ,75 + 4ᵍ,70 + 39ᵍ,42 + 67ᵍ,30 + 7ᵍ,375 + 0ᵍ,07.

4. Faire les soustractions suivantes :
251ᶠ,05 — 199ᶠ,40 =   457ᶠ,60 — 95ᶠ,45 =

MERCREDI.

1. Diviser par 10, puis par 100, chacun des nombres suivants : 40 — 25 — 5 — 54 — 7 400 — 3 700 — 748.

(1) L'élève est prié de remarquer que quand on abrège, les majuscules indiquent des multiples et les minuscules des sous-multiples. Ainsi, le nombre 25 Dm. et 5 dm. doit se lire : 25 décamètres et 5 décimètres.

2. Je dois au boulanger 25 fr. 60, au boucher 14 fr. 50, au charcutier 7 fr. 05, à l'épicier 0 fr. 75 et 18 fr. au cordonnier. Quand j'aurai payé ces dettes, que me restera-t-il d'une somme de 100 francs que je possède ?

3. Puisqu'un mètre vaut 10 décimètres, combien y a-t-il de décimètres dans un double mètre, un décamètre, un hectomètre, un kilomètre, un myriamètre ?

4. Combien y a-t-il de décistères dans un tas de bois de 7 décastères ?

VENDREDI.

1. Diviser 10 et par 1000 chacun des nombres suivants : $2^s,5 - 74^m - 840^l,5 - 1^f - 4500^s,6 - 35^m - 57\,500^f$.

2. Écrire et additionner 4 kilog. + 5 Dg. + 1/2 Dg. + 15 dg. + 6 Mg. et 7 Dg. + 7 Kg. 7 Dg. et 7 cg.

3. Un vase contient 7 décalitres, un autre 1/2 hectolitre, un troisième 15 lit. 75, et un quatrième 2 doubles-décalitres et 7 décilitres. Je mets le contenu de ces 4 vases dans un tonneau dont la capacité est de 200 litres. De combien s'en faudra-t-il qu'il soit plein ?

4. Combien y a-t-il de centimes dans 95 francs ?

SAMEDI.

1. Multiplier et diviser par 100 chacun des nombres suivants : $4 - 200 - 6^l,5 - 1000^a - 25^l,5 - 37,50$.

2. Écrire et additionner 35 hectares + 6 ares et 7 centiares + 2 hectares et 18 centiares + 25 centiares + 3 hectares, 3 ares et 3 centiares + 8 centiares.

3. J'achète un cheval pour 600 fr., 1 porc pour 35 fr. 55 et 4 poulets pour 12 fr. 25. Le même jour, je vends une vache pour 475 fr. et 15 canards pour 55 fr. 75. Quelle somme me reste-t-il en caisse, si je possédais le matin 437 fr. ?

4. Combien y a-t-il de décalitres dans 3 myrialitres ?

PREMIER MOIS.

4ᵉ SEMAINE.

LUNDI.

Opérations à faire :
1. 75 gr. + 3 gr. 04 + 45 Mg. + 47 Dg. et 5 gr. + 9 fr. 76 + 0 gr. 34 + 8 cg. + 1/2 Hg. =
2. 9 Km. + 14 m. 759 + 65 Dm. + 9 mm. + 18 cm. + 1 Hm. et 5 m. + 9 cm. + 15 doubles mètres =
3. 736 750ᶠ — 98 700ᶠ,25 =
4. 7 800ᵐ,6 — 985ᵐ,075 =

MARDI.

Opérations à faire :
1. 45ᶠ,25 + 39ᶠ,05 + 4ᶠ + 0ᶠ,95 + 8 centimes + 17ᶠ + 19ᶠ,25 + 2 centimes + 4 095ᶠ,35 =
2. 45 stères + 6 décistères + 7 Dst. 1/2 + 15 dst. + 4 s,5 + 9 Dst. et 9 dst. + 8 dst. + 25 Dst. + 3 doubles-décast. =
3. 4 500ˡ — 0ˡ,96 =
4. 6 752ˡ,78 — 975ˡ =

MERCREDI.

Opérations à faire :
1. 35 Km. + 4 Dm. + 65 cm. + 45ᵐ,725 + 4 Mm. et 6 m. + 35 mm. + 45 Dm. + 3 Dm. et 5 mm. =
2. 4,752 + 473,4 + 0,75 + 60,007 + 4,5252 + 0,2535 + 54,72 + 0,0675 =
3. 74 — 69,725 =
4. 6 970,50 — 87,738 =

VENDREDI.

Opérations à faire :
1. 54 Mg. + 2 Dg. + 5 Hg. + 3 dg. + 25 g. + 45 cg. + 3 kg. et 6 gr. + 4 gr. et 8 cg. =
2. 3,05 + 0,7252 + 4 509 + 7,70 + 4,0025 + 575 + 49,732 + 95 + 0,005 =
3. 37 — 18,425 =
4. 252,35 — 75,638 =

SAMEDI.

1. Combien y a-t-il de mètres dans 5 Hm. 1/2 + 6 Dm. 1/2 ?
2. Combien y a-t-il de doubles-litres dans un décal., dans 1/2 hectolitre, dans 1 hectolitre 1/2 ?
3. Je donne chaque jour à mes chevaux un double-décalitre d'avoine. Combien serai-je de jours à épuiser un coffre qui en contient 2 doubles-hectolitres ?

DEUXIÈME MOIS.

PROGRAMME :

ARITHMÉTIQUE.

Multiplication des nombres décimaux. — Définition de la multiplication, quand le multiplicateur est décimal. — Règle pratique.
Exercices d'application. — Problèmes.

SYSTÈME MÉTRIQUE.

Mesures de longueur. — Le mètre, ses multiples et ses sous-multiples. — Une longueur étant exprimée en mètres, en décimètres, en centimètres, etc., la rapporter à une autre unité de longueur. — Valeur en mètres d'un degré du méridien, de la lieue de poste et de la lieue commune ou de 25 au degré. — Problèmes d'application.

1re SEMAINE.

LUNDI.

1. Multiplications à faire :
$454,25 \times 6 =$ $309,525 \times 14 =$ $372,50 \times 29 =$
2. J'achète 6 poulets à 3 fr. 25, et 14 canards à 3 fr. 70. Que doit-on me rendre sur 100 francs ?

DEUXIÈME MOIS.

MARDI.

1. Multiplications à faire :
543m,50 × 36 =   497m,05 × 835 =   375m,372 × 75 =
2. Qu'est-ce que le mètre ? — Quelle est sa longueur ? — Quels sont ses multiples et ses sous multiples ?
3. Combien y a-t-il de décimètres dans 1 mètre, dans 15 m., dans 560 m., dans 3 Dm., dans 1 km. ?

MERCREDI.

1. 253 × 4,32 =   654 × 7,95 =   709 × 25,08 =
2. J'achète 54 mètres d'étoffe valant 0 fr., 45 le décimètre. Je devais déjà au marchand 37 fr.,75 : combien lui dois-je à présent ?

VENDREDI.

1. 2 650 × 6,80 =   7,585 × 48 =   356 × 504,08 =
2. Combien y a-t-il de décimètres dans un mètre ? dans 15 mètres ? dans 7 Dm. ? dans 1 Hm. ? dans 4 Km. ? dans 1/2 Km ? dans 5 doubles-décam. ? dans 3 Mm. ?

SAMEDI.

1. 7,005 × 8 365 =   4 750 × 36,80 =   70,09 × 708 =
2. J'ai 4 vases dont voici les contenances : 15 litres, 25 décilitres, 3 décalitres 1/2 et 8 litres 8 centilitres. Quand je les emplis et que je verse le contenu dans un autre vase, celui-ci n'est plein qu'au tiers. Quelle est la capacité de ce dernier vase ?

2e SEMAINE.

LUNDI.

1. 4,3 × 5,45 =   8,75 × 65,40 =   37,625 × 0,24 =
2. J'achète 15 tas de bois de chacun 8 stères, 5 à raison de 12 fr. 50 le stère. Je donne un à-compte de 1200 fr. Combien dois-je encore ?

EXERCICES DE CALCUL.

MARDI.

1. $760,05 \times 0,728 =$ $75,98 \times 7,35 =$ $4,08 \times 0,96 =$
2. Combien y a-t-il de centimètres dans un mètre? dans un décamètre? dans un hectomètre? dans un kilomètre? dans un myriamètre? dans un décimètre? dans un double-mètre? dans 1/2 hectomètre?

MERCREDI.

1. $7,008 \times 65,45 =$ $785 \times 0,84 =$ $0,785 \times 248 =$
2. Un épicier achète 75 kilogrammes de sucre à 1f,25 le kilogr. Il le revend 1f,50 le kilogr. Quel est son bénéfice?

VENDREDI.

1. $8\,700\,097 \times 600\,895 =$ $0,75 \times 0,75 =$ $4,05 \times 0,860 =$
2. Un ouvrier est payé pour un ouvrage à raison de 0f,75 le mètre. Il a fait 3 décamètres dans une semaine; la semaine suivante, il a fait 4 décamètres 1/2; la troisième semaine, 2 doubles-décam., et enfin la dernière semaine, il a fait 3 décam. et 4 doubles-mètres. Quelle somme lui revient-il pour son travail de tout le mois?

SAMEDI.

1. $3\,765 \times 0,48 =$ $6,74 \times 408 =$ $786 \times 0,005 =$
2. Combien me manquera-t-il pour acheter 48 moutons à 27 fr. 50 l'un, quand j'aurai reçu le prix de 32 hectolitres de blé à 23f,75?

3me SEMAINE.

LUNDI.

1. Quel est le prix de 37 mètres, 50 de drap à 12 fr. 60 le mètre?
2. J'ai acheté chez un libraire 25 volumes à 1 fr. 75, 16 vol. à 2 fr. 50 et 13 autres pour 24 fr. 25 : quelle somme ai-je dépensée en tout et à combien me revient chaque volume?

DEUXIÈME MOIS.

MARDI.

1. La longueur du méridien terrestre étant de 40.000.000 de mètres, quelle est la longueur d'un degré ? (Les élèves, n'ayant pas encore étudié la division des nombres décimaux, ne donneront le résultat qu'à moins d'un mètre près).

2. Sachant qu'il y a 25 lieues communes par degré, dire en mètres la longueur d'une lieue commune ou géographique.

3. La lieue de poste, qui était la plus usitée, équivaut à 2000 toises. Sachant qu'une toise est l'équivalent de 1 m. 949, exprimer en mètres la longueur d'une lieue de poste.

MERCREDI.

1. On a labouré 79 ares, 25 dans une pièce de terre de 4 hectares. Que reste-t-il encore à labourer ?

2. J'achète 8 kilogr. de sucre à 0 fr. 95 le 1/2 kilog. et 7 k,05 de savon à 0 fr. 80 le kilogr. Que me rendra l'épicier sur une pièce de 20 fr. ?

3. Quel est le prix du curage d'un fossé de 132 m, 40 de largeur à raison de 0 fr. 15 le mètre ?

VENDREDI.

1. Ordinairement on prend pour longueur d'une lieue la distance de 4 kilom., parce que cette distance est à peu près l'équivalent de l'ancienne lieue de poste (3898 m.) Dire combien il y a de lieues dans le tour de la terre.

2. La lieue marine est contenue 20 fois dans un degré et est égale à 5556 mètres. Combien 25 lieues marines font-elles de kilomètres ?

3. Un degré équivaut à 60 milles marins, ce qui fait 1852 m. pour la longueur d'un mille marin. Dire combien il y a d'hectomètres dans 25 milles marins.

SAMEDI.

1. Quel est le poids de 135 lit. 75 d'un vin dont le litre pèse 0 kg. 914 ?

2. J'ai acheté 35 décimètres de ruban à 0 fr. 20 le mètre et 3 mètres et demi de toile à 4 fr. 80 le mètre. Je donne un à-compte de 12 fr. 75. Combien redois-je encore?

3. Combien d'entiers formerait la réunion de 825 nombres égaux à 365,36 ?

4º SEMAINE.

LUNDI.

1. Comment multiplie-t-on un nombre décimal par 10, 100 ou 1000 ?

2. Multiplier par 10, puis par 100 et ensuite par 1000 chacun des nombres suivants : 4^m,80 ; 17^f,45 ; 39^l,40 ; 74^m,658.

3. Quel est le poids de 35 st., 8 de bois pesant 645 kilog. 375 le stère ?

MARDI.

1. Jean a fait 15 lieues en 2 jours ; Frédéric a fait 8 fois plus de chemin que lui, mais en 12 jours. Dites combien ils ont fait chacun de kilomètres par jour ? (Compter les lieues de 4000 m.).

2. Combien y a-t-il de lieues de poste dans un degré du méridien ?

3. La distance de deux villes situées sur le même méridien est de 35 degrés. Donner cette distance : 1º en lieues communes, 2º en kilomètres.

MERCREDI.

1. Quel est le prix de 100 m. de toile à 3 fr. 75 ; de 10 m. de ruban à 1 fr. 05 ; d'un décastère de bois à 13 fr. 50 le stère, d'un hectolitre de vin à 0 fr. 40 le litre, d'un kilogramme de tabac à 0 fr. 012 le gramme, d'un décalitre de blé à 0 fr. 25 le litre, et d'un hectare de terre à 25 fr. 50 l'are ?

2. Combien faut-il de doubles-décimètres de ruban pour faire une longueur de 4 décamètres et quel en serait le prix à 0 fr. 15 le mètre ?

3. On doit faire en 4 semaines un chemin de deux kilomètres 1/2. La première semaine, on a fait 735 m. 75 ; la deuxième, 45 décamètres, et la troisième, 6 hectomètres et 50 centimètres ; que reste-t-il à faire pendant la quatrième ?

VENDREDI.

1. Un département a 165 lieues de tour ; combien cela fait-il de mètres ? (La lieue dont il s'agit est la lieue de poste.)

DEUXIÈME MOIS.

2. Un décamètre de ruban a coûté 0 fr. 75, combien aurait-on payé pour 340 mètres ?

3. Un maçon a crépi les 4 murs d'un jardin qui a 135 m. 60 de long et 82 m. 50 de large. Combien lui est-il dû s'il demande 1 fr. 05 par mètre linéaire ? (1)

SAMEDI.

1. Faire le produit de 7 250 par 7,865 et le retrancher de 100,000.

2. Un marchand de volailles avait acheté 25 poulets à 2 fr. 75, 48 canards à 3 fr. 50, 7 oies à 9 fr. 25 et 27 dindons à 12 fr. 05. Il a gagné en les revendant 0 fr. 35 par poulet, 0 fr. 40 par canard, 1 fr. 20 sur chaque oie et 1 fr. 50 sur chaque dindon. Dire 1° quelle somme il avait déboursée pour son achat ; 2° ce qu'il a reçu pour toute la vente ; 3° ce qu'il a gagné.

5ᵉ SEMAINE.

(RÉCAPITULATION).

LUNDI.

1. $54{,}725 \times 3{,}75 =$ $479 \times 56{,}40 =$

2. Un marchand a vendu 25 coupons de drap de chacun 60 m. 1/2 à raison de 7 fr. 60 le mètre. Combien a-t-il reçu ?

MARDI.

1. Combien y a-t-il de lieues de poste dans la longueur du méridien terrestre.

2. Combien y a-t-il de lieues communes ou de 25 au degré dans le tour de la terre ?

3. Combien y a-t-il de lieues marines dans la longueur du méridien ?

MERCREDI.

1. Multiplier par 1000 chacun des nombres suivants :
   35ᵐ,50 ; 24¹ ; 0ᵐ,75 ; 25 ; 0ˢ,01 ; 0ᵐ,005.

(1) On emploie l'expression de mètre linéaire quand on ne considère que la longueur, abstraction faite des autres dimensions.

2. Un boucher a vendu dans sa journée 75 kilog. de bœuf à 1 fr. 40 le kilog., 35 k. de veau à 2 fr. 20 ; 1 gigot de mouton de 3 kilog. à 1 fr. 75 le kilog. et 25 kilog. d'autre viande de mouton à 1 fr. 60 ; quelle a été sa recette totale ?

VENDREDI.

1. Exprimer en mètres les nombres suivants : 25 décimètres ; 450 centimètres ; 50 millimètres ; 35 décamètres ; 75 kilomètres ; 2525 centimètres.
2. 2 villes sont situées sur le même méridien à 125° (lisez 125 degrés) de distance. Exprimer cette distance en mètres.
3. Exprimer cette même distance en milles marins.

SAMEDI.

1. Comment divise-t-on par 10, 100, 1000, un nombre entier quelconque ?
2. Comment rend-on un nombre décimal 10, 100 ou 1000 fois plus petit ?
3. Diviser par 10, par 100, puis par 1000, chacun des nombres suivants : 250 ; 37,2 ; 549 ; 273,25 ; 10000 ; 4,5.

TROISIÈME MOIS.

PROGRAMME :

ARITHMÉTIQUE.

Division des nombres entiers et des nombres décimaux. — Différence des cas suivant que le diviseur est entier ou décimal. — Règle pratique pour le premier cas. — Le second cas se ramène au premier. — Trouver le quotient de deux nombres entiers ou décimaux à moins de 0,1 près, à moins de 0,01 près, etc.
Exercices d'application. — Problèmes.

SYSTÈME MÉTRIQUE.

Mesures de superficie. — Définition du carré — Mètre carré ; ses multiples et ses sous-multiples ; — *are* ; son sous-multiple. — Rapports entre les mesures de superficie proprement dites et les mesures agraires. — Une surface étant exprimée au moyen d'une unité superficielle, la rapporter à une autre unité.

1re SEMAINE.

LUNDI.

1. $\dfrac{54,25}{7} = \qquad \dfrac{4876,52}{9} = \qquad \dfrac{48,654}{82} =$

2. Partager entre 18 personnes une somme de 101 fr. 70.
3. Un ouvrier a fait 398 m. 75 en 29 jours : combien en faisait-il par jour ?

MARDI.

1. $\dfrac{700^f,25}{49} = \qquad \dfrac{6753^m,505}{8} = \qquad \dfrac{103,36}{236} =$

2. Qu'est-ce qu'un carré ? Qu'est-ce qu'un mètre carré ?
3. Un tableau a 1 m. de long sur 1 m. de large, quelle en est la surface ?
4. Si on le découpait en 100 petits carrés égaux, quelle serait la surface de chacun de ces carrés ?

MERCREDI.

1. $\dfrac{8,60}{9} = \quad \dfrac{821,70}{18} = \quad \dfrac{7,503}{95} =$

2. Un homme en mourant laisse à 13 héritiers 260 ares de terre qu'ils ont vendue 15 fr. 60 l'are. Combien ont-ils reçu chacun ?

VENDREDI.

1. $\dfrac{7\,376,48}{398} = \quad \dfrac{19\,233,50}{286} = \quad \dfrac{57,816}{792} =$

2. Un mètre carré vaut 100 décimètres carrés : Dire 1° quel est le prix de 3 mètres carrés de peinture à 0 fr. 04 le décimètre carré ; 2° quel est le prix d'un décimètre carré de peinture dont le mètre carré vaut 2 fr.

3. Quelle différence y a-t-il entre le décimètre carré et le 10ᵉ du mètre carré ?

SAMEDI.

1. $\dfrac{275,75}{692} = \quad \dfrac{586,075}{6895} = \quad \dfrac{452,08}{97} =$

2. 16 ouvriers ont fait en commun 476 m. d'ouvrage qu'on leur paye 1 fr. 60 le mètre. Que recevront-ils chacun ?

2ᵉ SEMAINE.

LUNDI.

1. $\dfrac{5\,451\,825}{69,45} = \quad \dfrac{8\,453}{29,32} = \quad \dfrac{8475}{7,85} =$

2. Un homme laisse en mourant à 7 héritiers 25 hectares 48 ares de terre estimée 2575 fr. l'hectare. Sur le prix de ces terres il faudra prélever 17 114 fr. 65 pour payer une dette. Quelle somme reviendra-t-il ensuite à chaque héritier ?

TROISIÈME MOIS.

MARDI.

1. $\dfrac{735}{6,38} =$ $\dfrac{1\,720}{2,752} =$ $\dfrac{849}{6,075} =$

2. Un décamètre carré vaut 100 mètres carrés. Combien y a-t-il : 1° de décim. carrés dans un Dmq. ; 2° de mètres carrés dans 24 décamètres carrés ; 3° de décimètres carrés dans un demi-décamètre carré ?

3. Un are est égal à un décamètre carré. Un terrain valant 0 fr. 15 le mètre carré, dire le prix d'un are, de 35 ares et d'un hectarede de terrain.

MERCREDI.

1. $\dfrac{5\,160}{8,256} =$ $\dfrac{475}{2,89} =$ $\dfrac{6}{0,587} =$

2. J'ai acheté 6 volumes à 1 fr. 75, 25 à 2 fr. 50 et 35 à 0 fr. 95. A combien me revient en moyenne chaque volume ?

VENDREDI.

1. $\dfrac{8}{0,75} =$ $\dfrac{5\,617,305}{8,709} =$ $\dfrac{732}{85,8} =$

2. Qu'est-ce que l'are ? Quels sont ses multiples et ses sous-multiples ?

3. On a fait peindre les murs d'une chambre dont la surface serait de 60 mètres carrés s'il n'y avait pas à déduire 1 porte et 2 fenêtres de chacune 1 mq. 95. Calculer ce qu'on doit au peintre, à raison de deux centimes le décimètre carré.

SAMEDI.

1. $\dfrac{765}{78,502} =$ $\dfrac{537}{0,45} =$ $\dfrac{13\,440}{76,8} =$

2. Un boucher achète 48 moutons à raison de 35 fr. 75. Il retire du tout 1680 kilogr. de viande qu'il vend 1 fr. 35 le kilogr. Combien gagne-t-il ?

3e SEMAINE.

LUNDI.

1. Trouver à moins d'un dixième près tous les quotients des divisions suivantes :

$$\frac{45,75}{3,17} = \qquad \frac{75,5}{3,75} = \qquad \frac{636,285}{8,45} =$$

2. Un libraire vend à un marchand 15 douzaines de livres à raison de 0 fr. 75 le volume. Il donne le treizième en sus. Combien gagnera le marchand en vendant au détail chaque volume 0 fr. 95 ?

MARDI.

1. Trouver les quotients à moins d'un centième près :

$$\frac{359,464}{45,85} = \qquad \frac{537,5}{7,95} = \qquad \frac{9875}{45,7} =$$

2. Combien y a-t-il de centiares dans 35 Décam. carrés?
3. Combien y a-t-il de centim. carrés, 1° dans un décimètre carré, 2° dans un m. carré ?

MERCREDI.

1. Trouver les quotients à moins d'un millième près :

$$\frac{397,3}{548} = \qquad \frac{7,328}{9,7} = \qquad \frac{3}{45} =$$

2. Un voyageur fait 1 kilomètre en 10 minutes. Combien de kilomètres fera-t-il en 3 heures ?

VENDREDI.

1. Trouver les quotients à moins d'un dixième près.

$$\frac{78,53}{4,8} = \qquad \frac{78,5}{3,545} = \qquad \frac{784,86}{76,2} =$$

2. Un are de terrain valant 15 fr., 1° quel est le prix d'un hectare, 2° d'un centiare, 3° d'un mètre carré ?
3. Quelle différence y a-t-il entre 10 m. carrés et 1 Dmq. ?

TROISIÈME MOIS.

SAMEDI.

1. Trouver les quotients à moins de 0,001 près.

$$\frac{7,49}{0,75} = \qquad \frac{45,3}{2,97} = \qquad \frac{75,3}{0,785} =$$

2. Une fermière a vendu 35 kilogr. de beurre à 2 fr. 80 le kilogr. et 45 douzaines d'œufs à 0 fr. 75 la douzaine. Combien a-t-elle reçu en tout ?

4ᵉ SEMAINE.

LUNDI.

NOTA. — Aujourd'hui et le reste de la semaine trouver les quotients à moins d'un centième près (à moins que l'on ne trouve juste auparavant.)

1. $\quad \dfrac{25}{473} = \qquad \dfrac{82,45}{97} = \qquad \dfrac{0,85}{0,835} =$

2. Une bouteille à vin coûtant 0 fr. 20, combien coûterait l'achat de 875 bouteilles de vin valant, non compris le prix de verre, 0 fr. 75 la bouteille ?

MARDI.

1. $\quad \dfrac{75}{49,75} = \qquad \dfrac{1246,875}{23,75} = \qquad \dfrac{4}{9} =$

2. Le décimètre carré de peinture valant 0 fr. 015, combien coûtera la peinture de 3 portes de chacune 2 mq. 25 de surface (pour les 2 côtés) et d'un mur de 24 mq. ?

3. Combien y a-t-il de décim. carrés dans un Dmq. ?

MERCREDI.

1. $\quad \dfrac{45}{28} = \qquad \dfrac{385}{25} = \qquad \dfrac{547}{85,6} =$

2. Un jardin d'une contenance d'un hectare cinq ares a été vendu à raison de 0 fr. 15 le mètre carré. L'acheteur paye 1/3 comptant, combien redevra-t-il encore ?

EXERCICES DE CALCUL.

VENDREDI.

1. — $\dfrac{2}{8} =$ $\dfrac{4,7}{75,25} =$ $\dfrac{375,75}{648} =$

2. Mon jardin a une contenance de 13 ares 65 centiares ; combien de fois est-il plus grand que ma cour qui n'a que 97 mètres carrés 50 décimètres.

3. Que vaut un terrain d'une contenance de 295 centiares à raison de 0 fr. 60 le m. q. ?

SAMEDI.

1. $\dfrac{7375}{8,87} =$ $\dfrac{1\,337\,093,4}{295} =$

2. Il y avait 6 petites mésanges dans un nid. Un enfant les a dénichées et fait mourir. En comptant seulement 100 chenilles détruites par jour par une mésange, dire la quantité de chenilles que ces mésanges auraient détruites en un an.

QUATRIÈME MOIS.

PROGRAMME :

ARITHMÉTIQUE.

Révision des principes relatifs à la numération et aux quatre opérations fondamentales.
Problèmes sur les quatre opérations.

SYSTÈME MÉTRIQUE.

Mesures de volume. — Définition du cube. — Mètre cube ; ses sous-multiples. — Stère, décastère et décistère. — Rapports entre les mesures de volume proprement dites et les mesures pour les bois de chauffage et de construction.

1re SEMAINE.

LUNDI.

1. $75000^f - 67\,050^f,25 =$ $875^f,675 \times 6\,098 =$

2. Les roues d'une voiture ont 4 m. 50 de tour. On a compté que pendant une minute elles ont fait 45 tours. En

QUATRIÈME MOIS.

...osant que le cheval marche avec la même vitesse pendant 3 heures et 35 minutes, quelle sera la distance parcourue?

MARDI.

$0^m + 67^m,25 + 0^m,75 + 9^m + 678^m,08 + 0^m,075 + 18^m + 2^m,048 =$

— Qu'est-ce qu'un cube?
— Qu'est-ce que le mètre cube et quels sont ses sous-multiples?
— Sachant qu'un mètre cube vaut 1000 décimètres cubes, 1° combien il y a de décimètres cubes dans 45 mètres ...... 2° le prix d'un mètre cube quand le décimètre cube vaut 0 fr. 04; 3° le prix du décimètre cube quand le mètre vaut 50 fr.

MERCREDI.

$30,78 \times 609,45 = \qquad 7097 \times 600,85 =$

— Trouver le quotient exact de 648.648 : 864.
— Un ouvrier dépense tous les jours pour 0 fr. 20 d'eau-de-vie et 0 fr. 10 de tabac. Il faut ajouter à cette dépense ... 50 par semaine pour vin, bière, café, etc. pris au cabaret. Quelle somme possèderait-il de plus à la fin de l'année s'il ne faisait pas ces dépenses?

VENDREDI.

$4.000.000^f - 7.850^f,25 = \qquad 678.250 \times 0,7068 =$

— Combien y a-t-il de décimètres cubes dans 10, 100 et ... mètres cubes?
— Sachant que le décimètre cube contient 1000 centimètres cubes, combien y a-t-il de centim. cubes dans 1, 10 et ... mètres cubes?

SAMEDI.

$......^f - 787^f,045 = \qquad 785,58 : 3,75 =$

— J'ai acheté 5 pièces de vin de 228 litres à raison de ...50 la pièce. J'ai payé en outre 71 fr. 50 de frais et ...port. Combien ai-je déboursé et quel est le prix du

EXERCICES DE CALCUL.

2e SEMAINE.

LUNDI.

1. Additionner : 75 grammes + 8 Dg. + 3 Mg. + 752 gr. 3 Kg. + 45 gr. 25 + 2 Hg. 7 + 69 Dg., 08.

2. Une femme a vendu au marché 7 Kg. de beurre à 3 fr. 20 le kilog. Elle a acheté 8 m. 45 d'étoffe à 1 fr. 80 le mètre. Quelle somme lui reste-t-il sur ce qu'elle a reçu pour son beurre ?

MARDI.

1. Trouver, à moins d'un millième près, le quotient de 49520 par 8 956.

2. Au lieu de dire un mètre cube, on dit un stère quand il s'agit de bois de chauffage. D'après cela, dire à combien de stères équivalent 1.000, 5.000, 15.000, 100.000 décimètres cubes.

3. Donner en stères le total de 6 mètres cubes + 45 m. c. 250 + 375 décim. c. + 25 m. c. + 25 décim. c. + 9 m. c. et 350 dm. c. —

MERCREDI.

1. De 56 Décam. retranchez 895 décim.

2. Quel est le prix de 246 lit. 60 de vin à 0 fr. 45 le litre ?

3. Rome a été prise par les Gaulois en l'an 390 avant J.-C. Elle avait été fondée par Romulus en l'an 754 avant J.-C. Dites combien s'est écoulé d'années : 1° entre ces deux événements ; 2° depuis le dernier.

VENDREDI.

1. Trouver, à moins d'un centième près, les quotients des divisions suivantes : 4 : 5 ;   9 : 8 ;   12 : 25 ;   39 : 186.

2. Combien y a-t-il de décim. cubes dans un décistère ? Combien dans un décastère, dans 5 stères, dans un stère 1/2 ?

3. Combien y a-t-il de décistères dans 900 décimètres cubes ?

4. J'ai acheté 25 stères de bois à 1 fr. 50 le décistère. Combien cela m'a-t-il coûté et à combien me revient le décim. cube ?

QUATRIÈME MOIS. 25

SAMEDI.

1. Trouver, à moins de 0,01 près, le quotient de 785 par 89.
2. Un marchand avait acheté 16 douzaines de vases à 0 fr. 15 la pièce. Il en a cassé 1/2 douzaine et il veut gagner 16 fr. 70 sur le tout. Combien doit-il vendre chaque vase ?

3ᵉ SEMAINE.

LUNDI.

1. Trouver, à moins de 0,001 près, le quotient de 7 par 350, de 14 par 425 et de 1000 par 64.
2. Un maçon achète 5 640 briques à 25 fr. le 1000. Combien payera-t-il ?

MARDI.

1. Quel est le prix d'un centimètre cube quand le m. cube coûte 1000 fr. ?
2. Un mur a 86 m. c. 480 de volume et la surface d'un côté est 167 m. q. 25. Combien doit-on au maçon à raison de 7 fr. 50 le mètre cube de maçonnerie et de 2 centimes le décimètre carré pour le crépi des deux faces de ce mur ?

MERCREDI.

1. Trouver le quotient de 764.000 par 85.900, à 0,01 près.
2. Un écolier a gagné 55 bons points en une semaine ; Combien cela fait-il en moyenne par jour de classe et combien pourrait-il en gagner ainsi dans son année, en tenant compte de 4 semaines de vacances ?

VENDREDI.

1. Dans 80 décistères combien y a-t-il de décim. cubes ?
2. Un décimètre cube d'une sorte de bois valant 0 fr. 15, que vaut un décistère ?
3. Un tas de bois a 265 décistères. On le vend à raison de 14ᶠ le stère. Dire : 1° le prix total ; 2° le prix d'un décim. cube.

SAMEDI.

1. Diviser 4,50 par 18,09. Trouver le quotient à 0,001 près.
2. Un marchand achète 25 douzaines de verres qu'il paye 3 fr. 20 la douzaine. Sachant qu'il a été cassé 13 verres,

trouver ce qu'il gagne en tout en revendant en détail chaque verre 0 fr. 35.

4ᵉ SEMAINE.

LUNDI.

1. Rendre 100 fois plus petit et 100 fois plus grand, chacun des nombres suivants : 70 ; 47 ; 62,5 ; 4700 ; 0,5.
2. Combien me faudrait-il ajouter au double de 87,50 pour égaler le quintuple de 52,40 ?
3. Trouver, sans faire de multiplication ni de division, le prix d'un décalitre, d'un hectolitre, d'un myrial., d'un décil. et d'un centil. d'une liqueur valant 3 fr. le litre.

MARDI.

1. Exprimer en mètres cubes et fractions de mètre cube le résultat de $7^m,50 \times 4^m,60 \times 28^m,60$.
2. Donner ce résultat en stères et fractions de stère.
3. Une commune fait recharger un chemin vicinal. Pour cela on amène 15 tombereaux de pierres. Dites le prix de revient de ces pierres, sachant que chaque tombereau en contient 1 m. c. 240 décimètres, que cette pierre vaut 3 fr. le m. c. et que le transport coûte 0 fr. 50 par voiture.

MERCREDI.

1. Faire le carré de 57 809, c'est-à-dire le multiplier par lui-même.
2. Un boulanger a vendu dans une journée 75 pains de 2 kilog. et il a reçu 52ᶠ,50. Dites le prix du kilogr. de pain et ce qu'il a gagné en tout, s'il a gagné 0ᶠ,10 par franc.

VENDREDI.

1. Écrire en chiffres : cinq, dix, quinze, cent, six cents, mille, cinq mille, cent mille et un million de cent. cubes.
2. Additionner 5 m. cubes + 45 c. m. cubes + 325 dmc. + 15 mc. et 25 dmc. + 675 cmc.
3. Quelle est la valeur de 8 décistères d'un bois dont le double-décastère vaut 290 francs ?

SAMEDI.

1. Trouver à moins de 0,001 le quotient de 3,725 par 2,78.
2. Quelle économie ferait en 25 ans un ouvrier qui épargnerait 0 fr. 10 par jour, plus 0 fr. 50 toutes les semaines et 3 fr. tous les mois ? Pour tenir compte des intérêts, il faudra ajouter au total la moitié de la somme économisée.

CINQUIÈME MOIS.

PROGRAMME :

ARITHMÉTIQUE.

Caractères de divisibilité par 2, 3, 5 et 9.
Applications : Simplification des calculs ; preuves par 9 de la multiplication et de la division. — Exercices.
Problèmes sur les quatre opérations.

SYSTÈME MÉTRIQUE.

Mesures de capacité. — Le litre ; ses multiples et ses sous-multiples. — Mesures effectives et fictives. — Problèmes d'application.
Rapports entre les mesures de capacité et les mesures de volume.

1re SEMAINE.

LUNDI.

1. Indiquer parmi les nombres suivants ceux qui sont divisibles par 2 : 25, 3, 6, 9, 12, 72, 720, 39, 400, 268.
2. Un boucher a acheté sur pied à raison de 73 fr. chacun, 5 veaux qui lui ont fourni en moyenne chacun 41 kg. 1/2 de viande, qu'il a vendue 1f,80 le kilogr. Quel est son gain ?

MARDI.

1. Qu'est-ce que le litre ?
2. Quels sont ses multiples et ses sous-multiples ?
3. Écrire en chiffres et additionner les nombres suivants : 1° 5 lit. et 25 centilitres ; 2° 3 décal. et 5 litres ; 3° 7 Hl et 3 lit. ; 4° 15 Dl et 5 dl ; 5° 8 hectol., 8 lit. et 8 cl. ; 6° 53 décil.

4. Le litre ayant la capacité du décim. cube, on demande combien contient de litres une cuve dont la contenance est 0 mc. 72550.

MERCREDI.

1. Indiquer parmi les nombres suivants ceux qui sont divisibles par 3 : 37, 27, 9, 372, 45, 6.734, 3.861, 57, 64, 65.412.

2. Un boulanger a acheté 12 sacs de farine pesant 159 kil. chacun. Quelle sera la valeur, à 30 centimes le kilog., du pain qu'il fera avec cette farine, si chaque kilog de farine donne 12 Hg., 5 de pain ?

VENDREDI.

1. Toutes les mesures de capacité (litre, ses mult. et ses sous-multiples) ont chacune leur double et leur moitié, sauf l'hectolitre qui n'a pas son double et le centilitre qui n'a pas sa moitié. Indiquer d'après cela, quelles sont, à partir du centilitre, toutes les mesures effectives de capacité.

2. Combien y a-t-il de décilitres 1° dans un décalitre, 2° dans 5 hectol ?

3. Combien vaut le litre d'une liqueur dont le centilitre vaut 0 fr. 05 ?

SAMEDI.

1. Indiquer parmi les nombres suivants ceux qui sont divisibles par 5 : 20, 35, 709, 400, 325, 4.701, 77, 3.700, 7.906, 9.000.

2. Note d'un marchand de nouveautés.

Fourni à Monsieur X à Z.

25 mètres d'indienne,	à 1 fr. 15 le m.	= » »
27 m. 80 de calicot,	à 0 fr. 95 le m.	= » »
1 m. 10 de drap pour pantalon et 0m50 pour gilet,	à 15 fr. le m.	= » »
18 m. de popeline,	à 4 fr. 75 le m.	= » »
	Total	» »
	Reçu à compte	125 fr.
	Reste dû	» »

CINQUIÈME MOIS.

2ᵐᵉ SEMAINE.

LUNDI.

1. Indiquer parmi les nombres suivants ceux qui sont divisibles par 6, c'est-à-dire qui le sont par 2 et par 3 en même temps : 25, 51, 72, 864, 375, 48, 9.864, 4.734, 3.000 52.764.

2. Un cultivateur a acheté 1215 moutons à raison de 25 fr. chacun. Après les avoir engraissés il les revend, le 1/3 à raison de 37 fr. et les autres à raison de 39 fr. Combien gagne-t-il si ses frais ont été de 8.476 francs ?

MARDI.

1. Pour creuser une mare on a retiré 25 mc. 50 de terre. Combien cette mare pourra-t-elle contenir d'hectol. d'eau ?

2. Un fermier a récolté, dans un champ de 3ʰᵃ, 203 litres de blé par are : quelle est la valeur de sa récolte, à raison de 25 fr. l'hectolitre ?

MERCREDI.

1. Indiquer parmi les nombres suivants ceux qui sont divisibles par 9 : 18, 27, 5, 375, 477, 8.750, 2.817, 72, 45.375, 63.477.

2. Un épicier a fait venir un baril contenant 75 kilog. d'huile qu'il paye 1 fr. 90 le kilogr. plus 2 fr. 50 pour le transport. Il revend cette huile 0 fr. 50 la demi-livre (ou quart de kilog). Combien gagne-t-il en tout ?

VENDREDI.

1. Quel est le prix de 75 Dst. de bois que l'on vend 0 fr. 35 les 5 décistères ?

2. Dans un baquet contenant 60 lit. 1/2 et plein d'eau il y a une pierre de 2500 centimètres cubes de volume. Combien y a-t-il de litres d'eau dans ce baquet ?

3. Combien y a-t-il de litres dans un m. cube, dans un double décalitre, dans un double décimètre cube ?

SAMEDI.

1. Indiquer par lequel des nombres 2, 3, 5, 6 ou 9, est divisible chacun des nombres suivants : 72, 450, 300, 70, 16, 232, 450, 321, 6.785, 35.460.

EXERCICES DE CALCUL.

2. Le méridien de Paris, comme tout autre méridien, compte 40 000 000 de mètres. Sachant que ce méridien, comme toute circonférence, se divise en 360 degrés égaux, trouver en kilomètres, la distance de deux villes situées sur ce méridien à 75° de distance. (On négligera pour le résultat les fractions de kilomètres).

3ᵉ SEMAINE.

LUNDI.

NOTA. A partir d'aujourd'hui faire la preuve par 9 des multiplications et des divisions.

1. $7840 \times 8705 =$ $\dfrac{46,690}{115} =$

2. Simplifier la division ci-dessus en divisant d'abord par 5 chacun des deux termes et effectuer ensuite la division avec les nombres obtenus.

3. Une montre avance d'une minute toutes les 3 heures. De combien d'heures avance-t-elle dans un mois de 30 j.?

MARDI.

1. Combien un Myrialitre contient-il de décilitres ?

2. Un cultivateur a acheté 13 Hectol. 5 Décal. de blé valant 25 centimes le litre. Combien en a-t-il eu de sacs de 150 litres et combien a-t-il déboursé ?

3. Le centilitre d'une liqueur valant 0fr.05, donner le prix du litre, du centim. cube, du décimètre cube, du décalitre, du 1/2 Hl. ?

MERCREDI.

1. Effectuer après simplification les divisions suivantes : (Pousser, si besoin est, jusqu'aux centièmes.) $\dfrac{472}{36}$ $\dfrac{453}{45}$ $\dfrac{780}{65}$

1. Le volant d'une machine à vapeur fait six tours par seconde. Au bout de combien de temps aura-t-il fait un million de tours ?

CINQUIÈME MOIS.

VENDREDI.

1. Combien y a-t-il de centimètres cubes dans un litre ?
2. Une ancienne citerne sert maintenant à mettre du bois. Combien peut-elle en contenir de stères si elle contenait autrefois 23 Hl. d'eau ?
3. J'ai une cruche contenant 4 litres 1/2. Le marchand me l'emplit de rhum pour 11 fr. 70. A combien revient 1° l'hectolitre, 2° la pièce de 225 litres.

SAMEDI.

1. Effectuer après simplification les divisions suivantes :

$$\frac{4537}{63} \quad \frac{462}{54} \quad \frac{6430}{85}$$

2. Un entrepreneur emploie 3 ouvriers payés par jour : le 1er 3 fr. 50, le 2e 3 fr. et le 3e 2 f. Pendant combien de jours ces trois ouvriers ont-ils travaillé, quand le patron débourse pour leur salaire 212 fr. 50 ?

4e SEMAINE.

LUNDI.

1. Simplifier l'expression suivante et la résoudre de deux manières, avec et sans simplification :

$$\frac{4 \times 20 \times 560 \times 1365}{540 \times 780 \times 5} =$$

2. Une rame de papier coûte 8 fr. Combien coûtent 6 mains ? (La rame contient 20 mains.)

MARDI.

1. Combien coûtent 765 mètres cubes de sable de rivière lorsqu'un hectolitre de même sable vaut 4 fr. 50 ?
2. Un marchand de vin a mis dans un tonneau 18 décal. de vin à 0 fr. 40 le litre, 16 litres à 45 fr. l'hectol. et 824 décil. à 0 fr. 50 le litre. 1° Combien y a-t-il de vin dans ce tonneau ? 2° Combien vaut tout ce vin ? 3° Combien vaut le litre de ce mélange ?

MERCREDI.

1. Expression à calculer après simplification :
$$\frac{54 \times 785 \times 2160}{6 \times 9 \times 850} =$$

2. Un boulanger achète 25 sacs de farine devant peser chacun 159 kg., pour 1590 fr. Il s'aperçoit qu'il y a par sac une erreur en moins de 2 kg. 1/2. Combien doit-il payer ?

VENDREDI.

1. Un morceau de bois a un volume de 2 décistères 1/2 ; quel en est le poids sachant qu'un litre d'eau pure pèse 1 kilog et qu'un mètre cube de ce bois pèse 225 kilog. de moins qu'un m. c. d'eau ?

2. J'ai une mesure qui contient 4 décil. 1/2. J'emplis avec cette mesure un vase contenant 8 lit. 1 0. Combien de fois la viderai-je ?

SAMEDI.

1. Calculer après simplification : $\dfrac{64 \times 75.420 \times 75}{108 \times 16 \times 3} =$

2. Un élève apporte régulièrement chaque semaine pour la caisse d'épargne scolaire 0 fr. 50. De plus, chaque mois, quand il a eu de bonnes notes (et il se conduit de façon à en avoir toujours) son père lui donne 1 fr. 25. De combien son livret se trouve-t-il augmenté à la fin de l'année, en comptant 11 mois de classe formant 48 semaines ?

5ᵉ SEMAINE.

LUNDI.

1. Calculer après simplification : $\dfrac{875 \times 32 \times 6.420}{535 \times 8 \times 35} =$

2. Un libraire a vendu 45 douzaines de livres avec le 13ᵉ gratis à raison de 1 fr. 30 le volume. A combien se monte la facture et à combien revient en réalité chaque volume ?

MARDI.

1. Chercher à moins d'un millimètre près la longueur

d'un bâton qui est 24 fois plus petit qu'un arbre de 8 m. de hauteur.

2. A 25 fr. l'hectol. combien valent 1° le décal., 2° le litre, 3° le décil., 4° le centil., 5° le déc. cube, 6° le cent. cube ?

3. Combien de mètres cubes de terre faut-il enlever pour faire une citerne devant contenir 285 décalitres ? La maçonnerie à elle seule occupera 1825 décimètres cubes.

MERCREDI.

1. Calculer après simplification : $\dfrac{1800 \times 42 \times 1008}{180 \times 105 \times 288} =$

2. Pour tricoter une paire de bas il faut 5 pelotes de laine à 0 fr. 75 la pelote. Combien gagne par semaine une femme qui tricote un bas par jour ? Elle vend ces bas 4 fr. 75 la paire et ne travaille pas le dimanche.

VENDREDI.

1. Évaluer en ares une surface de 2 Hectomètres carrés.

2. Quand le centilitre d'une chose vaut 0 fr. 05, que valent : 1° le millil, 2° le litre, 3° l'hectolitre, 4° le décalitre, 5° le myrialitre, 6° le décim. cube, 7° le mètre cube.

3. Combien y a-t-il de doubles-décilitres dans un tas de sable de 3 mètres cubes 35 décim. cubes ?

SAMEDI.

1. Calculer après simplification : $\dfrac{2064 \times 420 \times 315}{28 \times 400 \times 135} =$

2. Un homme fait 133 pas par minute. Au bout de 5 heures combien a-t-il fait de mètres, si la longueur de son pas est de 75 centimètres ?

SIXIÈME MOIS.

PROGRAMME

ARITHMÉTIQUE.

Fractions ordinaires. — Principes sur les fractions. — Simplification des fractions. — Réduction de deux ou de plusieurs fractions au même dénominateur.
Addition et soustraction. — Règles pratiques.
Exercices d'application.

SYSTÈME MÉTRIQUE.

Mesures de poids. — Le gramme, multiples et ses sous-multiples. Mesures effectives et mesures fictives. Quintal et tonne métriques. Problèmes d'application.
Correspondance entre les unités de poids et les mesures de volume et capacité; poids d'un litre et d'un mètre cube d'eau, etc.

1re SEMAINE.

LUNDI.

1. Écrire en chiffres : une demie — un tiers — un quart — deux tiers — 3 quarts — un cinquième — 4 septièmes — 3 neuvièmes — 7 quinzièmes — 13 vingt-cinquièmes — 3 onzièmes — 7 quarantièmes — 45 quatre-vingt-septièmes — 18 trois cent cinquièmes.

2. Jules et Paul ont coupé une pomme en quatre parties égales. Jules a trois de ces parties et Paul la dernière. Exprimer en fraction ordinaire la part de chacun.

MARDI.

1. Qu'est-ce que le gramme ? A quoi équivaut son poids ? Quels sont ses multiples et ses sous-multiples ?

2. Additionner : 4 Kilog. + 8 gr. et 5 décig., + 3 Hg. et 2 Dg. 1/2 + 9 Dg. + 45 dg. + 27 Dg.

3. Un ouvrier a transporté en 7 voyages 28 objets pesant chacun 17 kilog. et 25 grammes. Quel poids emportait-il à chaque voyage ?

SIXIÈME MOIS.

MERCREDI.

1. Si je coupe un objet en 15 parties, que représente chaque partie ?
2. Quelle fraction représentent 7 de ces parties ?
3. Ranger par ordre de grandeur croissante les fractions suivantes : $\frac{7}{21} \quad \frac{7}{8} \quad \frac{7}{15} \quad \frac{7}{9} \quad \frac{7}{25} \quad \frac{7}{11}$
4. Ranger par ordre de grandeur croissante les fractions suivantes : $\frac{8}{13} \quad \frac{5}{13} \quad \frac{1}{13} \quad \frac{4}{13} \quad \frac{9}{13} \quad \frac{12}{13} \quad \frac{3}{13}$

VENDREDI.

1. Quel est en kilogr. le poids de 348 objets pesant chacun 875 Décagr ?
2. En employant le moins de poids possible, quels poids prendrait-on pour peser une marchandise dont le poids est de 1.328 gr. ?
3. Un objet pesant 2 Myriagrammes 75 Décagr. est coupé en 105 parties égales, quel est le poids de chaque morceau ?

SAMEDI.

1. Donner au moyen de simplifications des fractions équivalentes à $\frac{6}{12} \quad \frac{18}{24} \quad \frac{16}{18} \quad \frac{2}{8}$
2. Que deviennent les fractions suivantes : $\frac{3}{8} \quad \frac{5}{13} \quad \frac{2}{7}$, quand on multiplie leur numérateur par 4 ?
3. Que deviennent ces mêmes fractions quand on multiplie par 4 leur dénominateur ?
4. Que deviennent-elles si on multiplie par 4 à la fois le numérateur et le dénominateur ?

2ᵉ SEMAINE.

LUNDI.

1. Rendre les fractions suivantes 4 fois plus grandes sans changer le dénominateur : $\frac{1}{8} \quad \frac{5}{12} \quad \frac{7}{24} \quad \frac{5}{32}$

2. Rendre ces mêmes fractions 4 fois plus grandes sans changer le numérateur?

3. Rendre les fractions suivantes 3 fois plus petites, sans changer le dénominateur : $\dfrac{3}{5}$ $\dfrac{12}{17}$ $\dfrac{9}{11}$ $\dfrac{15}{23}$

4. Rendre ces mêmes fractions 3 fois plus petites, sans changer le numérateur.

MARDI.

1. Combien y a-t-il de décigr. dans un kilog, dans un décagr. dans un double hectog., dans un myriagramme ?

2. Un litre d'eau pure pèse un kilogr. Quel est le poids de l'eau renfermée dans un vase qui en contient 67 décilitres?

3. Un poids de 100 kilogr. s'appelle un quintal métrique. Énoncer en quintaux et kilog. le chargement d'une voiture renfermant 29 sacs de farine de 159 kilogr. chacun.

MERCREDI.

1. Combien y a-t-il de huitièmes de mètre dans 5 mètres, dans 9 mètres, dans 15 m., dans 17 m.?

2. Combien y a-t-il de septièmes de litre dans 3 litres $\dfrac{1}{7}$ 5 lit. $\dfrac{2}{7}$, 4 lit. $\dfrac{3}{7}$, 20 lit. $\dfrac{5}{7}$?

3. On a employé 25 m. de toile pour faire 9 chemises. Combien a-t-on employé de mètres par chemise ? (Donner la réponse exacte au moyen d'une fraction.)

VENDREDI.

1. Énoncer en quintaux le poids de l'eau que peut contenir une cuve dont la capacité est 500 décimètres cubes.

2. Un vase a une capacité de 147 centimètres cubes. Quel est le poids de l'eau qu'il peut contenir ?

3. Comme les mesures de capacité chaque mesure de poids a son double et sa moitié. D'après cela, quels sont les poids effectifs ou réels qui existent? (Il n'y a pas de 1/2 milligramme et le plus fort poids qui existe est celui de 50 kilog.)

SAMEDI.

1. Réduire en une seule fraction chacune des expressions suivantes : $6\,^2/_4$; $8\,^9/_{11}$; $75\,^8/_9$; $25\,^{13}/_{25}$; $14\,^3/_5$.

SIXIÈME MOIS.

2. Chercher les entiers contenus dans 72/8 ; 45/9 ; 108/12 ; 450/25.

3. Quels sont les équivalents des expressions fractionnaires suivantes : $\dfrac{25}{7}$ $\dfrac{47}{9}$ $\dfrac{395}{11}$ $\dfrac{564}{27}$ $\dfrac{672}{19}$

3ᵉ SEMAINE.

LUNDI.

1. Multiplier chacun des termes de chacune des fractions suivantes par le produit des dénominateurs des autres.

$$\dfrac{5}{6} \quad \dfrac{3}{4} \quad \dfrac{7}{9} \quad \dfrac{8}{15}$$

Exemple pour la 1ʳᵉ : $\dfrac{5 \times 4 \times 9 \times 15}{6 \times 4 \times 9 \times 15} = \dfrac{2700}{3240}$

2. Faire la même chose pour les fractions suivantes, ou ce qui revient au même, les réduire au même dénominateur.

$$\dfrac{4}{9} \quad \dfrac{10}{11} \quad \dfrac{3}{7} \quad \dfrac{13}{25}$$

MARDI.

1. Quel est le poids d'un mètre cube d'eau pure ?

2. Un litre de lait pèse 30 grammes de plus qu'un litre d'eau. Une boîte pleine de lait pèse, en déduisant le poids du vase, 6180 grammes. Quelle en est la contenance ?

3. J'achète 12800 grammes d'une marchandise à 2 f. 50 le kil. ; que payerai-je ?

MERCREDI.

1. Réduire au même dénominateur 5/6 et 2/3 ; 4/7, 8/11 et 3/4.

2. Quelle est la plus grande des fractions 8/15 et 7/11 ?

3. Ranger par ordre de grandeur croissante, après les avoir réduites au même dénominateur, les fractions suivantes : 8/9 ; 7/15 ; 15/29 ; 6/7.

VENDREDI.

1. Un décim. cube d'un liquide pèse 37 grammes de plus

qu'un décim. cube d'eau pure. Quel est le poids total d'un fût contenant 17 décal. $1/2$ de ce liquide ; le poids du fût vide étant 975 Dg. ?

2. Une marchandise pèse autant que 8 500 cent. cubes d'eau pure. Quel en est le prix à raison de 1^f,80 le demi-kilogr. ?

SAMEDI.

1. Additionner les fractions suivantes $4/5$, $2/9$, $6/11$, $28/31$ et simplifier le total.

2. Retrancher $3/5$ de $8/9$ et $3/25$ de $12/13$.

4ᵉ SEMAINE.

LUNDI.

1. Additionner $7/12 + 6/11 + 25/27$ et simplifier le résultat.
2. Additionner : $4^m\,3/7 + 5^m\,2/7 + 6^m\,3/7$.
3. Additionner $6^m\,3/4 + 2^m\,1/6 + 9^m\,3/8$.
4. De $7/8$ retrancher $20/47$.

MARDI.

1. Une tonne métrique équivalant à un poids de 1000 kil., exprimer en tonnes et quintaux le poids d'un bloc de pierre pesant 265 myriagrammes.

2. Quels poids faut-il pour équilibrer 228 centil. d'eau pure ?

3. Un décim. cube de fer pesant 7kg.,8, quel est le poids d'une barre de fer dont le volume est de $1/8$ de mètre cube ?

MERCREDI.

1. $15^m\,3/4 - 7^m\,5/8 = \qquad 9^l\,4/9 - 6^l\,3/4 =$

2. Un marchand avait un coupon de drap de $25^m\,2/7$; il en vend $8^m\,3/4$. Combien lui en reste-t-il ?

3. Un marchand met dans un fût 22^l 1/4 d'une sorte de vin, 75^l d'une 2ᵉ qualité et enfin 25 litres $3/5$ d'une 3ᵉ qualité; puis il retire 18^l $2/7$. Combien reste-t-il de vin dans ce fût ?

VENDREDI.

1. Quel est le poids d'une meule de paille renfermant 2500 bottes pesant chacune 5 kilogr. ?

2. On a payé 31^f,80 pour 132 décil. $1/2$ d'un liquide pesant autant que l'eau. Que vaut le kilogr. de cette marchandise ?

3. Que pèse une barrique de vin de 228ˡ ? (Un décim. cube de ce vin pèse 5ᵍ ¹/₂ de moins qu'un décim. cube d'eau).

SAMEDI.

1. Additionner ⁷/₅ + ⁸/₉ + 8 ¹/₅ = ; 4 ³/₄ + ⁹/₁₀ + 5 ²/₇ =
2. De ⁹/₁₃ ôter ⁸/₁₅ ; de 3ˢᵗ ⁸/₅ ôter 1ˢᵗ ¹/₂.
3. Un épicier avait mis dans un baril d'abord 2ˡ ¹/₇ de vinaigre, puis 3ˡ ¹/₅ et enfin 5ˡ ²/₉. Depuis ce temps il a retiré une fois 3ˡ ¹/₄ et une autre fois ³/₅ de litre. Combien en reste-t-il encore dans le baril ?

SEPTIÈME MOIS.

PROGRAMME :

ARITHMÉTIQUE.

Multiplication et division des fractions ordinaires.
Règles pratiques.
Exercices d'application. — Problèmes.
Conversion des fractions ordinaires en fractions décimales. — Règle pratique.

SYSTÈME MÉTRIQUE.

Monnaies. — Le franc et ses sous-multiples. — Pièces de monnaie effectives. — Poids des pièces d'or, d'argent et de bronze. — Valeur relative des monnaies d'or, d'argent et de bronze, à poids égal ; poids relatif de ces monnaies, à valeur égale.
Valeur du kilogramme d'argent pur et du kilogramme d'argent monnayé ; du kilogramme d'or pur et du kilogramme d'or monnayé.
Titre des alliages d'or ou d'argent. — Connaissant le poids et le titre d'une pièce d'or ou d'argent, en trouver la valeur.

1ʳᵉ SEMAINE.

LUNDI.

1. Effectuer les multiplications de fractions suivantes :

$\frac{4}{9} \times 4 =$ $\frac{3}{4} \times 7 =$ $\frac{6}{11} \times 13 =$ $\frac{17}{72} \times 29 =$

2. J'ai acheté ⁸/₅ de mètre d'étoffe à 13ᶠ, que dois-je payer ?
3. Quel est le prix de 18 objets valant chacun ⁸/₁₅ de fr. ?
4. Quels sont les ⁸/₁₃ de 117 ?

MARDI.

1. Qu'est-ce que le franc ? Quels sont ses sous-multiples ?

2. Écrire en chiffres un franc, un décime, un centime, un millime.

3. Combien y a-t-il de décimes dans un franc ? — de centimes dans un décime ? — de centimes dans un franc ? — de millimes dans un centime ? — de millimes dans un décime ? — de millimes dans un fr. ?

4. Quelles sont les pièces de monnaies qui existent 1° en or ; 2° en argent ; 3° en bronze ou billon, en commençant toujours par les plus petites ?

MERCREDI.

1. Effectuer les multiplications suivantes :

$$5 \times \frac{3}{4} = ; \quad \frac{3}{8} \times \frac{5}{6}; \quad 25 \times \frac{21}{46}; \quad \frac{11}{20} \times \frac{10}{13}$$

2. J'ai acheté un vase contenant $4/5$ de litre, j'en ai versé 15 fois le contenu pour emplir un autre vase ; quelle est la capacité de ce dernier ? (Répondre en litres et fractions décimales du litre).

3. J'ai acheté un champ égal aux $19/20$ d'un hectare ; j'en vends les $2/5$. Quelle quantité de terrain me reste-t-il ? — Répondre en fractions décimales de l'hectare.

VENDREDI.

1. Un franc pesant 5 grammes, donner le poids de chacune des pièces d'argent.

2. A valeur égale, la monnaie de bronze pèse 20 fois plus que celle d'argent. Dire le poids de chaque pièce de bronze.

3. A valeur égale, l'or pèse 15 fois $1/2$ (15,5) moins que l'argent. Dire le poids, à un centigramme près, de chacune des pièces d'or.

SAMEDI.

1. Faire les multiplications suivantes :

$$20\frac{3}{4} \times 7; \quad 40 \times 6\frac{1}{3}; \quad \frac{8}{9} \times 12\frac{3}{4}; \quad 609 \times \frac{7}{15}$$

2. Le $1/3$ d'un champ vaut 250^f. Combien valent les $3/4$ de ce champ ?

3. Retranchez $\frac{5}{6} \times \frac{3}{4}$ de $\frac{6}{20} + \frac{4}{11} =$

SEPTIÈME MOIS.

2° SEMAINE.

LUNDI.

1. Donner le résultat des fractions de fractions suivantes et simplifier : $\frac{8}{9}$ des $\frac{3}{4}$ des $\frac{5}{16}$ des $\frac{14}{24}$ des $\frac{8}{11}$ des $\frac{22}{27}$ de 450.

2. Réduire $4/5$, $3/8$, $6/11$ et $8/9$ en fractions décimales en poussant jusqu'aux millièmes, s'il y a lieu.

MARDI.

1. Combien pèsent 1000^f, 1° en argent, 2° en or, 3° en bronze ?

2. Quelle serait la valeur d'une somme en argent, pesant autant qu'un demi-litre d'eau pure ?

3. Quelle serait la valeur d'une somme en or, pesant autant que 775 centimètres cubes d'eau pure ?

4. Pierre a reçu 750^f, savoir, la $1/2$ en or; les $13/15$ du reste en argent et le reste en bronze. Quel est le poids du tout ?

MERCREDI.

1. Effectuer les divisions suivantes :

$\frac{6}{11} : 4$; $\frac{3}{5} : 7$; $\frac{4}{9} : 8$; $8 : \frac{4}{7}$; $15 : \frac{3}{5}$; $72 : \frac{9}{16}$

2. J'avais 3 750^f, j'en donne les $2/3$ à une personne, qui donne à une autre les $3/4$ de sa part; enfin celle-ci donne à une troisième les $4/5$ de ce qu'elle reçoit. Dire la somme que reçoit la dernière personne ?

VENDREDI.

1. Depuis la loi du 14 juillet 1866, les pièces de 5 fr. en argent sont seules restées à $9/10$ de fin, les autres pièces d'argent sont au titre de $835/1000$. D'après cela, quelle est la quantité d'argent pur contenue dans une somme de 695^f, 1° en pièces de 5^f ; 2° en menue monnaie d'argent ou monnaie divisionnaire ?

2. Un ouvrier reçoit le jour de la paye 300^f moitié en pièces de 5^f, moitié en monnaie divisionnaire. Quelle quantité totale d'argent pur reçoit-il ?

EXERCICES DE CALCUL.

SAMEDI.

1. Diviser $\frac{5}{6}$ par $\frac{9}{7}$; $\frac{11}{12}$ par $\frac{3}{14}$; $\frac{8}{9}$ par ... (Donner les résultats en fractions ordinaires, puis en fractions décimales, à moins d'un millième près.)

2. Une personne ferait un ouvrage de 35 m en 5 heures ; une autre le ferait en 4 heures. Quelle fraction de l'ouvrage font-elles ensemble en une heure ? (Répondre d'abord au moyen d'une fraction ordinaire, puis exprimer cette fraction en mètres et centimètres.)

3ᵉ SEMAINE.

LUNDI.

1. Réduire en fractions décimales les fractions ordinaires suivantes. (Pousser, s'il y a lieu, jusqu'aux millièmes.)

$$\frac{5}{7} \quad \frac{3}{4} \quad \frac{4}{9} \quad \frac{8}{11} \quad \frac{5}{8}$$

2. Un fermier vend les $\frac{4}{7}$ de sa récolte de blé pour 7,250 f à raison de 25 f l'hectol. Combien avait-il récolté d'hl de blé ?

MARDI.

1. Quelle est la valeur d'un kilogr. d'argent monnayé ?
2. Quelle est celle d'un kilogr. d'or monnayé ?
3. La monnaie d'or et d'argent contenant $\frac{1}{10}$ d'alliage, trouver la valeur d'un kilogramme d'argent pur et d'un kilogr. d'or pur (en négligeant le prix du cuivre).

MERCREDI.

1. Réduire en fractions décimales les fractions suivantes :

$$\frac{49}{72} \quad \frac{25}{37} \quad \frac{6}{7} \quad \frac{140}{721}$$

2. Trouver les $\frac{2}{3}$ des $\frac{3}{4}$ des $\frac{4}{5}$ des $\frac{5}{7}$ de 1080.

3. On veut partager entre plusieurs personnes 275 f à raison de 9 f $\frac{5}{7}$ par personne. A combien de personnes pourra-t-on donner ?

VENDREDI.

1. À la Monnaie on prend 1 f 50 pour la fabrication d'un kilogr. d'argent monnayé et 6 f 70 pour celle d'un kilogr.

SEPTIÈME MOIS.

d'or monnayé. Quel est donc au change des monnaies le prix d'un kilogr. d'argent pur et d'un kilogr. d'or pur, déduction faite du prix de fabrication (1)?

SAMEDI.

1. Effectuer les divisions suivantes et exprimer les résultats en fractions décimales, jusqu'aux millièmes.

$$4 : \frac{5}{7}; \quad \frac{3}{4} : 6; \quad \frac{8}{11} : \frac{5}{13}; \quad 4\frac{3}{4} : \frac{5}{6}$$

2. Si $3/4$ de mètre valent 8 fr. 40, que vaut 1 m.?

4° SEMAINE.

LUNDI.

1. Transformer en divisions de nombres décimaux les divisions suivantes. (Indiquer seulement et à moins d'un millième près.)

$$4\,^3/_5 : 7; \quad 3 : 4\,^2/_3; \quad ^5/_6 : ^3/_{79}; \quad ^8/_{11} : 3\,^5/_8$$

2. Quels sont les $2/3$ des $3/4$ des $5/6$ des $7/{11}$ de 264?

MARDI.

1. Les ouvrages d'argent ont deux titres : le 1er est de 0,95, le second est de 0,80. D'après cela, quel est l'argent pur contenu dans une timbale au premier titre et pesant 184 gr.?
2. Quelle serait la valeur de cette même timbale au change des monnaies? (*Voir vendredi dernier.*)
3. Que vaut au change des monnaies un objet en argent au 2e titre et qui pèse 2 Hg.? (*Voir vendredi dernier.*)

MERCREDI.

1. Diviser 9 par $3/5$, $12/5$ par 9; 5 $3/7$ par 12 et 85 par 4 $1/9$. Donner les résultats en décimales jusqu'aux millièmes.
2. On achète 6 m. 2/5 d'étoffe pour 27 fr. 80. Quel est le prix du mètre?

---

(1) Bien remarquer que le prix de fabrication porte sur un kilog. de métal monnayé.

VENDREDI.

1. La loi reconnaît 3 titres pour les ouvrages d'or : 0,92, 0,84 et 0,75. D'après cela, quelle est la valeur, au change des monnaies, d'un bijou en or au 1er titre et pesant 50 gr. ?
2. Que vaudrait un semblable bijou au deuxième titre ?
3. Que vaudrait-il au troisième titre ?

SAMEDI.

1. Indiquer en divisions de nombres décimaux, puis effectuer les divisions de fractions suivantes : (Donner les quotients à moins de 0,001 près.)

$$\frac{7}{15} : 3\frac{1}{4}; \quad \frac{2}{25} : 4\frac{1}{2}; \quad 7\frac{5}{6} : 3\frac{5}{8}$$

2. Diviser 2,25 par $\frac{1}{4}$; 3$\frac{1}{2}$ par $\frac{2}{3}$; 8$\frac{4}{5}$ par 9,6.

HUITIÈME MOIS.

PROGRAMME :

ARITHMÉTIQUE.	SYSTÈME MÉTRIQUE.
Règles de trois et d'intérêt simple. Exercices d'application.	*Notions sur la mesure du temps.* — Jour, heure, minute, seconde. — Convertir en secondes un nombre composé de jours, d'heures, de minutes et de secondes ; réciproquement, un nombre de secondes étant donné, trouver combien il contient de minutes, d'heures et de jours.

1re SEMAINE.

LUNDI.

1. Expression à calculer (1) : $\dfrac{6,42 \times 42}{120} =$

(1) Dans toutes les expressions à calculer il est toujours entendu que l'élève simplifiera toutes les fois que ce sera possible.

HUITIÈME MOIS.   45

2. Quand 15 mètres coûtent 45 fr., combien coûte un mètre et combien coûtent 35 m. ?

3. Si avec 25 fr., on a 75 objets, combien en aura-t-on pour 1 franc et combien pour 102 fr. ?

4. Quand 65 ouvriers font 97^m,5, combien en ferait un ouvrier et combien en feraient 125 ?

MARDI.

1. Il y a 7 jours dans une semaine. Combien y a-t-il de semaines dans une année ordinaire et combien de jours reste-t-il en plus ?

2. A 35 fr. 50 par semaine, combien gagne par an un employé ?

3. Si une personne gagne 1274 fr. par an, combien cela fait-il par semaine ?

4. Un écolier n'a manqué à la classe que 3 jours dans l'année. Pendant combien de jours a-t-il suivi la classe dans cette année, en tenant compte de 5 semaines de vacances et de 6 congés en dehors des jeudis et dimanches ?

MERCREDI.

1. Expression à calculer : $\dfrac{6,75 \times 12}{25 \times 9} =$

2. Quand on a 36 stères de bois pour 504 francs, combien payera-t-on 1° un stère, 2° 25 stères 1/2 ?

3. 75 hommes doivent vivre avec une ration de 52 kg.,5 de pain. Quelle est la ration 1° d'un homme, 2° de 47 hommes ?

VENDREDI.

1. Combien y a-t-il d'heures dans un jour, dans une semaine, dans une année ?

2. Un homme travaille 9 heures par jour, tous les jours sauf les 52 dimanches de l'année et les 4 fêtes conservées. Combien travaille-t-il d'heures par an et que gagne-t-il à raison de 0 fr. 45 par heure de travail ?

3. Un autre ouvrier, qui gagne comme celui-ci 0 fr. 45 par heure de travail, se dérange beaucoup, de sorte qu'en moyenne il ne travaille que 7 heures par jour. Combien gagne-t-il par an de moins que son camarade ?

SAMEDI.

1. $$\frac{4700 \times 75 \times 120}{3600 \times 10 \times 25} =$$

2. Un train parcourt 24 myriam. en 6 heures : combien fait-il de kilom. par heure et combien en 15 heures ?

3. Un homme a labouré 132 ares en 4 journées de 11 heures. Combien labourait-il par heure et combien d'ares labourerait-il en 8 journées de 10 heures ?

2ᵉ SEMAINE.

LUNDI.

(Réduire à l'unité et n'opérer la division qu'à la fin. Simplifier s'il y a lieu.)

1. Quand 260 objets coûtent 130 fr., combien coûtent 48 objets ? — *Ex.* : Un objet coûtera 260 fois moins ou $\frac{130}{260}$ et 48 objets au lieu d'un coûteront 48 fois plus ou $\frac{130 \times 48}{260}$

2. 16 ouvriers ont fait 720 m. d'ouvrage. Combien 35 ouvriers de même force en feraient-ils ?

3. 6 fûts de Bordeaux contiennent au total 1340 litres ; combien 15 fûts semblables en contiendront-ils ?

MARDI.

1. Sachant qu'une heure renferme 60 minutes, combien y a-t-il de minutes 1° dans un jour ; 2° dans une année de 365 jours ?

2. Combien au 1ᵉʳ janvier 1877 y avait-il de minutes écoulées depuis le commencement de l'ère chrétienne ? (Compter toutes les années de 365 jours.)

3. Combien y a-t-il de minutes 1° dans le mois de février (année ordinaire) ; 2° dans le mois de mars ; 3° dans le mois de septembre ?

MERCREDI.

1. Lorsque 36 ouvriers font 645 m., combien 42 ouvriers en feront-ils ?

2. On fait une remise de 25 0/0 sur une vente de 7052 fr.

...à dire que sur 100 fr. on rabat 25 fr. Quelle sera cette remise et combien payera-t-on ?

— Combien faudra-t-il d'ouvriers pour faire en 15 jours un travail que 18 ouvriers ont fait en 5 jours ?

VENDREDI.

— Une minute se composant de 60 secondes, combien y a-t-il de secondes dans une semaine ?

— Le volant d'une machine à vapeur fait 3 tours par seconde, combien de tours fait-il de 6ʰ du matin à 8ʰ du soir ?

— Combien faudra-t-il d'heures et de minutes à une locomotive faisant 45 kilomètres à l'heure, pour faire 211 km.,6 ?

SAMEDI.

— En travaillant 10 h. par jour, on espère finir un ouvrage en 27 j. ; combien mettra-t-on de jours si on ne travaille que 9 h. ?

— Sur une somme de 652 fr. on me retient 5 0/0. Combien aurai-je ?

— Une couturière a 2 robes semblables à doubler. Pour la première elle emploie 9 m. d'étoffe de 62 centimètres de largeur ; pour la deuxième l'étoffe n'a que 45 cm. de large. Combien lui faudra-t-il de mètres ?

3ᵉ SEMAINE.

LUNDI.

— Quand 100 fr. placés rapportent 5 fr. d'intérêt par an, que rapportent 2750 fr. ?

— À 5 0/0 par an, quel est l'intérêt annuel d'une somme de 100 fr.

— Quel serait l'intérêt de cette même somme à 4 0/0 ?

— Trouver l'intérêt annuel de 284 fr. à 4 1/2 0/0.

MARDI.

— Quel est le nombre de secondes qui s'écoulent depuis le 1ᵉʳ janvier jusqu'au 15 septembre inclusivement ?

— Un homme qui fait 130 pas à la minute, part à 6 h. du matin de chez lui et arrive à destination à 9 h. 40. Combien a-t-il parcouru de kilom. si la longueur de son pas est 0ᵐ,75 ?

48 EXERCICES DE CALCUL.

3. Une montre avance de 105 secondes par semaine : de combien avance-t-elle en 25 jours ?

MERCREDI.

1. A 5 1/4 pour 100 quel est l'intérêt annuel de 726^f ?
2. Quel est le capital qui rapporte 36^f par an à 5 0/0 ?
3. Combien faut-il placer à 4 0/0 pour avoir 625^f de rente ?
4. Quand 6540^f rapportent 294^f,30, que rapportent 100^f ? (On trouvera ainsi le *taux* du placement.)

VENDREDI.

1. Combien y a-t-il de secondes dans une semaine plus 4 jours, 7 heures, 56 minutes et 45 secondes ?
2. Combien y a-t-il de jours, heures, minutes et secondes dans 126.000 secondes ?
3. Mon pouls bat 65 fois par minute. Je compte 825 pulsations : pendant combien de temps ai-je compté ?

SAMEDI.

1. A quel taux a été placée une somme de 648^f qui rapporte 29^f,16 d'intérêt annuel ?
2. Quel est le capital qui rapporte 28^f,14 à 3 1/2 0/0 par an ?
3. Une personne avait 650^f de rente provenant d'un capital placé à 5 0/0. Ayant augmenté son capital elle a 840^f de rente. De combien l'a-t-elle augmenté ?

4me SEMAINE.

LUNDI.

1. Quel est l'intérêt de 600^f placés pendant 8 mois à 5 0/0 par an ?
2. Quel est l'intérêt de 3600^f pendant 1 an et 5 mois à 4 0/0 par an ?
3. Quel capital rapporte 75^f pendant 9 mois à 4 0/0 ?

MARDI.

1. Une personne a fait une besogne en 3 fois. La 1re fois elle y a travaillé pendant 6 heures 25^m et 35^s ; la 2me fois, 9^h et 45^m ; et la 3me fois 1^h et 25 secondes. Combien a-t-elle mis de temps pour faire cette besogne ?

HUITIÈME MOIS.

2. Le son parcourt environ 340ᵐ par seconde. Combien de temps après l'explosion entendra-t-on la détonation d'une pièce d'artillerie éloignée de 391 hectomètres ?

MERCREDI.

1. Quel est l'intérêt de 810ᶠ pendant 6 mois 20 jours à 5 0/0. (L'année commerciale est comptée de 360 jours et les mois de 30 jours.)
2. Quel est l'intérêt d'une somme de 4200ᶠ placée à 4 1/2 0/0 pendant 1 an, 3 mois et 6 jours ?
3. Quel capital a rapporté 126ᶠ, à 4 0/0 en 10 mois 1/2 ?

VENDREDI.

1. Le balancier d'une horloge bat exactement la seconde. Combien d'oscillations fait-il du 1ᵉʳ janvier au 31 décembre ?
2. Un train de voyageurs est arrivé à destination à 1ʰ 35 secondes du soir ; il était parti à 4ʰ 48ᵐ du matin. Combien a-t-il mis de temps à faire le parcours ?
3. Exprimer en jours, heures, minutes et secondes un nombre de 365 840 secondes ?

SAMEDI.

1. A quel taux faut-il placer 2 800ᶠ pour avoir en 13 mois 1/2 126ᶠ ?
2. J'avais 4 500ᶠ placés à 5 0/0. Au bout de 8 mois et 10 jours j'ai retiré le 1/5 du capital. Quel intérêt toucherai-je à la fin de l'année ?
3. Je reçois le prix de 25ʰᵃ,35 de terre à 1200ᶠ l'hectare ; je place les 2/3 de cette somme à 4 3/4 pour 100 et le reste à 5 0/0. Quel revenu annuel cela me fera-t-il ?

5ᵐᵉ SEMAINE.

LUNDI.

1. 6 ouvriers en 8 jours ont fait 96ᵐ d'ouvrage. Combien 17 ouvriers en 15 jours en feront-ils ?
2. 36ʰˡ de vin ont coûté 1720ᶠ. Combien coûteraient 75ʰˡ d'un autre vin dont la valeur est double de celle du 1ᵉʳ ?
3. Avec 3 chevaux un ouvrage a pu être fait en 18 jours. Combien aurait-il fallu de temps si on n'avait eu que 2 chevaux ?

EXERCICES DE CALCUL.

MARDI.

1. Combien de fois une aiguille marquant les secondes fait-elle le tour du cadran d'un horloge en une semaine ?

2. En faisant par minute 130 pas de 0^m,75, combien faudra-t-il de jours, d'heures et de minutes à un piéton pour franchir une distance de 146^{km} 1/2, s'il marche 7 h. par jour ?

MERCREDI.

1. Que rapportera une somme de 4325^f placée à 5 0/0 à intérêt simple pendant 3 ans, 5 mois et 18 jours ?

2. A quel taux par an faut-il placer 3000^f pour avoir un intérêt *mensuel* de 13^f,75 ?

3. Pendant combien de temps faut-il placer 3600^f à 4 0/0 pour avoir en capital et intérêts, une somme de 3700^f,80 ?

VENDREDI.

1. On a vu que le son parcourt 340^m par seconde. A quelle distance suis-je donc d'un écho si les sons que j'émets me reviennent au bout d'une seconde 1/2 ?

2. Je regarde un chasseur tirant un gibier. De l'instant où j'ai vu la lueur de la poudre à celui où j'ai entendu le coup, il s'est écoulé 2 secondes. A quelle distance est le chasseur ?

3. Tous les 4 ans l'année est bissextile, c'est-à-dire qu'elle a 366 jours. Dire d'après cela combien de minutes a vécu une personne née le 1er janvier 1815 et morte le 15 septembre 1871. (Le jour de la naissance est celui de la mort, ne comptent que pour un seul.)

SAMEDI.

1. Une locomotive a parcouru 14 kilomètres 4^{hm} en 18 minutes. Combien aura-t-elle fait de kilom. au bout de 2^h 42^m ?

2. Je place 12000 fr. à 5 0/0 pendant un an ; puis je place à 4 1/2 0/0 l'intérêt que j'ai reçu. Quel revenu total aurai-je la 2me année ?

NEUVIÈME MOIS.

PROGRAMME :

ARITHMÉTIQUE.

Règles d'escompte et de société.

SYSTÈME MÉTRIQUE.

Notions de géométrie pratique. — Définition du triangle, du parallélogramme, du trapèze et du cercle. — Règle pratique de la mesure de ses surfaces.

1re SEMAINE.

LUNDI.

1. J'ai reçu un billet à ordre payable dans 6 mois, et se montant à la somme de 1200 francs. J'ai besoin d'argent et je présente ce billet à un banquier qui me l'escompte, c'est-à-dire me donne en argent le montant du billet moins l'intérêt de cette somme pour le temps qui reste à courir jusqu'au jour de l'échéance. Quelle somme recevrai-je si le taux de l'escompte est 6 0/0 par an ?

2. Quelle somme puis-je espérer retirer aujourd'hui d'un billet de 325 fr. qui n'est payable que dans 2 mois 1/2, si je le fais escompter à 5 0/0 ?

MARDI.

1. Qu'est-ce qu'un carré ? — un rectangle ?
2. Quelle est la surface d'un terrain carré de 35^m de côté ?
3. Une cour rectangulaire a 75^m de long sur 36^m,50 de large ; quelle en est la surface ?
4. Quel est, à raison de 0^f,50 le mètre carré, le prix d'un jardin carré de 75 mètres 1/2 de côté ?

MERCREDI.

1. J'ai une lettre de change de 7200 fr. payable à 45 jours. Un banquier me l'escompte à raison de 6 0/0 par an. Quelle somme me donnera-t-il ?

2. J'emprunte à raison d'un intérêt de 5 1/2 0/0, 3500 fr. que je ne pourrai rembourser que dans un an 1/2. Je fais un billet payable à cette époque. Quel devra être le montant de ce billet qui devra me libérer entièrement?

VENDREDI.

1. Le menuisier m'a fait une porte rectangulaire de 1^m,75 sur 0^m,80 à raison de 5 fr. le mètre carré. Le peintre l'a peinte des 2 côtés à raison de 1^f,10 le mètre carré. A combien me revient cette porte?

2. Je fais labourer un champ rectangulaire de 175^m de long sur 25^m,80 de large. On me demande 3 fr. par are. Combien devrai-je payer?

SAMEDI.

1. Que vaut le 1er janvier, déduction faite de l'escompte à 6 0/0, un billet payable à la Saint-Jean (24 juin) suivante? (Les mois se comptent de 30 jours.)

2. A quel taux a été escompté un billet de 480 fr. payable dans 6 mois 1/2 et pour lequel on a reçu 467^f,35?

2e SEMAINE.

LUNDI.

1. A quel taux a été escompté un effet de commerce payable dans 90 jours dont la valeur nominale est de 242^f,50 et pour lequel un banquier n'a donné que 239^f,95?

2. Dans combien de jours est payable un billet de 840^f pour lequel à 5 1/2 0/0 d'escompte on ne reçoit que 816^f,90?

MARDI.

1. Qu'est-ce qu'un triangle? — Qu'appelle-t-on base et hauteur d'un triangle?

2. Un champ a la forme d'un triangle de 250^m de long sur 90^m de hauteur : exprimer sa surface en hectares, ares et centiares.

2. Un maçon a crépi l'extérieur d'un bâtiment rectangulaire à raison de 0^f,50 le m. carré. Ce bâtiment a 15^m de long, 7^m de large et 18^m de hauteur jusqu'à la naissance des pointes des pignons, qui ont 7^m de large sur 2^m,60 de hauteur. Que lui doit-on?

NEUVIÈME MOIS.

MERCREDI.

1. L'escompte en dedans ou rationnel, qui du reste n'est pas usité, consiste à compter l'intérêt sur la valeur actuelle non sur la valeur nominale d'un billet. D'après cela, quel sait à 6.0/0 l'escompte en dedans d'un billet de 530 fr. payable dans 15 mois?

2. Escompter de la même manière à 5 0/0 un effet de 720 fr. payable dans 4 mois et 6 jours.

3. Faire par l'escompte ordinaire ou en dehors les deux problèmes précédents.

VENDREDI.

1. Je fais bêcher mon jardin qui se compose de 4 carrés aux de 12^m de côté, plus 4 plates-bandes rectangulaires de 18^m de long sur 1^m,40 de largeur. Combien cela me coûtera-t-il si je donne à l'ouvrier 3^f,50 par are?

2. J'ai un terrain dont une partie forme un rectangle de 170^m de longueur sur 78^m de large, et une autre un triangle de 76^m de base sur 25^m de hauteur. Je le vends à raison de 2700 fr. l'hectare. Quelle somme recevrai-je?

SAMEDI.

1. J'ai une chambre qui a 3 m. 50 de haut. Les 4 côtés forment ensemble une longueur de 14 mètres. Je fais recouvrir les murs de papier peint qui me revient tout posé à 2 centimes 1/2 le décim. carré. Combien cela coûtera-t-il?

2. Puisque, pour trouver la surface d'un rectangle, il faut multiplier la longueur par la largeur, il s'ensuit qu'en divisant le produit ou la surface par une dimension, on retrouvera l'autre. Quelle est donc la longueur d'un champ de 65^a,62, dont la largeur est 72 m. 80?

3ᵉ SEMAINE.

LUNDI.

1. 2 personnes associées pour un commerce ont fait un gain de 39500 fr. Que revient-il à chacune si l'une a mis dans le commerce 5000 fr. et l'autre 4800 fr.

2. 3 personnes ont formé une société commerciale. La première a mis 7000 fr.; la deuxième 2900 fr. et la troisième

10000 fr. Elles font de mauvaises affaires qui se soldent par une perte de 3164 fr. Que revient-il à chacune sur le capital

MARDI.

1. Une cour a deux côtés parallèles, l'un de 34 m. l'autre de 40 m. Sa largeur est de 24 m. 8. Elle a donc la forme d'un trapèze. Quelle en est la surface et combien pour la paver faudrait-il de pavés de 0 m. 20 de côté ? Faire le croquis.

2. Quelle est la surface d'un trapèze dont les deux bases sont 105 m. et 98 m., et la hauteur ou largeur 37 m. 50 ?

MERCREDI.

1. 2 associés ont à partager également un bénéfice. Que leur revient-il à chacun pour solde, sachant que l'un a déjà prélevé 325 fr. et l'autre 918 fr. et qu'il reste à partager 2709 fr.

2. 2 personnes ont formé une société, au capital de 30000 fr. qui a rapporté 5280 fr. de bénéfice. Que revient-il à chaque associé, le premier ayant mis pour sa part 17000 fr. et le deuxième ayant déjà prélevé une somme de 1200 fr. ?

VENDREDI.

1. Un cultivateur a un champ qui a la forme d'un trapèze dont les bases sont 75 m. et 84 m., 50, et la hauteur 280 m. Il l'ensemence en blé : quelle est la valeur de la semence ? Ce blé vaut 30 fr. l'hectol. et il en faut 2^{hl} 1/2 par hectare.

2. Un propriétaire veut vendre pour 806 fr. 25 un terrain de forme trapézoïdale de 75 m. de long, sur une largeur de 28 m. à un bout et 15 m. à l'autre. Vu le prix trop élevé, il ne trouve à vendre qu'une parcelle rectangulaire de 13 m. sur 8 m. 50. Combien recevra-t-il pour cette vente ?

SAMEDI.

1. 3 créanciers font vendre les propriétés d'un débiteur commun qui doit à l'un 800 fr., à l'autre 1500 fr. et au troisième 2500 fr. La vente ayant produit net 3600 fr., que revient-il à chaque créancier ?

2. 4 compagnies d'ouvriers ont fait ensemble un terrassement qui leur est payé 2900 fr. 75. Que revient-il à chaque compagnie, la première étant composée de 15 ouvriers, la deuxième de 9, la troisième de 10, et la quatrième de 11

4ᵉ SEMAINE.

LUNDI.

1. 3 associés ont à se partager un bénéfice de 3630 fr. Que revient-il à chacun, sachant que l'un a mis 1000 fr. pendant 6 mois, un autre 1800 fr. pendant un an, et le troisième 2500 fr. pendant 1 an 1/2?

2. Un commerçant fait faillite ; il ne peut payer à ses fournisseurs que 6,0/0 de ce qu'il leur doit. Que recevront 1° un créancier à qui il est dû 2400 fr. ; 2° un autre qui a fourni pour 543 fr. de marchandises, et enfin un 3° dont la note se monte à 900 fr. ?

MARDI.

1. Définir les mots: circonférence, cercle, diamètre, rayon.
2. Le diam. d'un cercle étant contenu 3 fois,1416 dans la circonférence, trouver 1° le diam. d'un cercle de 17 m. 28 de circonf. ; 2° la circonférence d'un cercle dont le diam. est 10 m. 1/2?
3. Le rayon étant égal à la moitié du diamètre, trouver, à moins d'un millim., près, 1° le rayon d'un cercle de 78 cent. 1/2 de circonférence, 2° la longueur de la circonf. d'un cercle dont le rayon est 25 centim.

MERCREDI.

1. 3 ouvriers ont fait ensemble un ouvrage payé 65 fr. Le premier a travaillé 9 h. par jour pendant 3 jours, le deuxième 8 h. seulement par jour pendant 6 jours, et le troisième 2 jours 1/2 de 10 heures. Que revient-il à chacun ?

2. 2 personnes fondent une société en mettant, la 1ʳᵉ 20 000 fr., la 2° 15 000 fr. 6 mois plus tard, la première personne retire le 1/4 de son capital, et une troisième personne s'associe avec les deux premières en apportant un capital de 8000 fr. Cette société ayant duré en tout 3 ans et fait un bénéfice de 12500 fr., on demande de partager ce bénéfice.

VENDREDI.

1. Quelle est la surface d'un cercle de 2 m. de diamètre ?
Quelle est celle d'un cercle de 5 m. de rayon ?
Quelle est la surface d'un cercle de 17ᵐ,28 de circonf. ?

SAMEDI.

1. Combien faut-il payer pour paver une cour circulaire de 5 m. de rayon, à raison de 3 fr. le m. carré ?
2. Quelle quantité de briques de 20 cm. sur 10 cm. faudra-t-il pour paver un espace circulaire de 12 m. 50 de diamètre et quel en sera le prix à raison de 32 fr. 50 les 500 ?

DIXIÈME MOIS.

EXERCICES ET PROBLÈMES DE RÉCAPITULATION GÉNÉRALE.

1re SEMAINE.

LUNDI.

1. Addition à effectuer : $75^f + 48^f,50 + 62.275^f + 35.697^f,50 + 98^f + 9^f + 0^f,75 + 22.697.000^f,75 + 875.908^f + 3.590.207^f,35 =$
2. J'ai acheté 6 pains de sucre que l'épicier m'a vendus avec un bénéfice de $1^f,50$ par pain. Combien ai-je payé sachant que l'épicier en avait acheté 15 semblables pour 277 fr. 50 ?
3. J'ai acheté 175 bourrées, 35 fagots et 4 stères 1/2 de cotrets. Que dois-je payer si les bourrées coûtent 35 fr. le cent, les fagots 60 fr. le cent, et les cotrets $1^f,50$ le dst. ?

MARDI.

1. Quelles sont les unités fondamentales du système métrique et définissez-les ?
2. Quels sont les multiples et sous-multiples du mètre ?
3. Combien y a-t-il de distance en lieues communes de 25 au degré, entre 2 villes éloignées de 1000 kilomètres ?

MERCREDI.

1. Soustractions à effectuer : $1000 - 7,75 = ; 39 - 9,875 = ; 6.000.000 - 37.504,074 =$
2. 12 ouvriers doivent faire un travail en 15 jours. Combien d'ouvriers devra-t-on prendre en plus si l'on veut que le travail soit fait 6 jours plus tôt ?

DIXIÈME MOIS. 57

3. Quel est l'intérêt annuel d'une somme de 7200 fr. 25 placée à 5 1/5 0/0 ?

VENDREDI.

1. Donner la définition de l'are.
2. Quels sont les multiples et sous-multiples de l'are ?
3. Un terrain carré a 250 m. de côté. Exprimez sa contenance 1° en ares, 2° en hectares, 3° en centiares ou mètres carrés, 4° en décimètres carrés.

SAMEDI.

1. $78^f,85 \times 9000 =$ $708500 \times 47080 =$
2. Quel est le bénéfice total d'un marchand qui a acheté 735 kilogr. de marchandises à $0^f,90$ le kilog. et qui a gagné en les revendant 20 0/0 sur le prix d'achat ?

2° SEMAINE.

LUNDI.

1. Trouver à moins de 0,01 près le quotient de $\frac{778475}{7987}$
2. On veut gagner 6 0/0 en vendant 45^m de toile qui ont coûté 162 fr. Combien faut-il vendre le mètre ?
3. J'ai acheté 125 litres de vin à 60 c., 40 litres à 50 c. et 70 litres à 45 c. Combien ai-je acheté de litres de vin, combien le tout m'a-t-il coûté, et à quel prix revient le litre ?

MARDI.

1. Qu'est-ce que le stère et quels sont ses multiples et sous-multiples ?
2. Un tas de bois a 12^m de long, $0^m,80$ de large et $0^m,75$ de hauteur. Quel en est le prix à 15 fr. le stère ?
3. A $6^f,50$ le décistère que payera-t-on pour 3 arbres dont les volumes respectifs sont $0^{st},90$, 1/2 stère et 3/4 de stère ?

MERCREDI.

1. Faites la somme de 4 h. 52^m 8 secondes $+$ 5 h. 45^m $+ 7^m$ et 15 secondes $+$ 7 h. 12^m 15 s. $+$ 1 h. 45 secondes.
2. 18 ouvriers doivent faire un ouvrage en 45 jours en travaillant 9 heures par jour. Combien mettraient-ils de jours s'ils travaillaient 10 heures par jour ?

3. Un maquignon achète 5 chevaux pour la somme totale de 3600 fr. Il en revend 1 pour 700 fr. et 2 autres pour chacun 850 fr. Combien doit-il vendre chacun des 2 autres qui lui restent pour avoir gagné le 1/15 du prix d'achat ?

VENDREDI.

1. Quelle différence y a-t-il entre un stère et un m. cube ?
2. Quels sont les sous-multiples du mètre cube ? et combien chacun est-il contenu de fois dans le mètre cube ?
3. Quelle différence y a-t-il entre 1 décistère et 1 déc. cube ?
4. A 4f,60 le décistère, combien vaut un tas de bois dont le volume est égal à 1260 décim. cubes ?

SAMEDI.

1. Qu'est-ce que le litre et quels sont ses multiples et sous-multiples ?
2. Que pèsent 1° un décimètre cube, 2° un centimètre cube, 3° 1 litre, 4° un centilitre d'eau pure ?
3. La densité d'un liquide est 0,875, c'est-à-dire qu'il pèse les 0,875 de l'eau. Quel est le poids d'un vase d'une contenance de 3 décalitres 1/2 rempli de ce liquide ? Le poids du vase vide est 275 décag.

3e SEMAINE.

LUNDI.

1. Du 1/4 de 7800 fr. ôter le quintuple du 1/7 de 638f,75.
2. A quel taux ai-je placé une somme de 7670 fr. qui me rapporte annuellement 345f,15 ?
3. Combien faut-il placer à 5 1/2 0/0 pour avoir par jour un revenu de 2f,75 ?

MARDI.

1. Quelle est en kilom. la distance des villes de Paris et Barcelone qui, placées sur le même méridien, sont distantes de 10 degrés environ ? Donner cette distance 1° en kilomètres, 2° en lieues communes de 25 au degré, 3° en lieues de poste de 2000 toises (1).
2. Avec un seau contenant 7l 1/2, on veut vider une cuve

(1) La toise équivaut à 1m,949.

DIXIÈME MOIS.

...la capacité est de 1/8 de mètre cube. Combien de fois ...mplira-t-on ?

MERCREDI.

1. Multiplier 706990 par 700850 et diviser le produit par ...000.

2. On a planté dans un champ 95 rangées de pommes de ... Chaque pied est espacé de 45 centimètres. Combien y ...-il en tout de pieds de pommes de terre si le champ a ... longueur de 112^m,50 ?

3. Chaque pied rapportant en moyenne 8 pommes de ..., combien cela fera-t-il d'hectolitres, si dans un litre ... tenir 5 pommes de terre de moyenne grosseur ?

VENDREDI.

1. Qu'est-ce que le gramme ? — A quoi équivaut son ...? Quels sont ses multiples et ses sous-multiples ? Quelle ...ité de poids la plus usuelle ?

2. On connaît le poids d'un décimètre cube d'eau ; or un ...eau de fer cubant 5 décimètres 85 centimètres pèse ...663 ; quel rapport y a-t-il entre le poids d'un déci... cube de fer et celui d'un décim. cube d'eau ?

SAMEDI.

1. Prendre les 3/4 de 5/6 des 7/9 des 8/11 de 14280.

2. Un champ avait 705 ares de superficie ; le propriétaire ...ndu les 3/5 à une personne qui de son côté a cédé à une ... personne les 7/12 de sa part. Dire ce que chacune ... personnes possède maintenant.

4° SEMAINE.

LUNDI.

1. Diviser 753,6 par 3,758 et donner le quotient à moins ... près.

2. ...présente à un banquier un billet payable dans 120 ... me l'escompte à 6 0/0 et me donne 199 fr. 92. Quel ... montant du billet ?

3. ...on camarade et moi avons ensemble 24 billes. Je ... donne autant qu'il en a, puis à son tour il en donne ... ; maintenant il a 6 billes. Combien avions-nous ... chacun en commençant ?

MARDI.

1. Qu'est-ce qu'un quintal métrique, une tonne métrique?
2. Exprimer en quintaux un poids de 28 975 grammes.
3. Exprimer en tonnes le chargement d'un navire, lequel est de 45375 kilogrammes.
4. Un hectolitre de blé pèse 80 kilogr. Un cultivateur en a vendu 250 sacs de 150 litres à raison de 22 fr. 50 le quintal. Quelle somme a-t-il dû recevoir?

MERCREDI.

1. Additionner $7/9 + 5/6 + 8/11 + 7/15$ et simplifier le résultat.
2. 3 associés ont fait une entreprise; la mise du premier a été de 10 000 fr., celle du deuxième de 4500 fr., celle du troisième 8600 fr. Le produit brut a été de 75 869 fr. 25 et les frais se sont élevés à 35 444 fr. 25. Partager le bénéfice proportionnellement aux mises.

VENDREDI.

1. Un jardin a la forme d'un trapèze de 42 m. 40 à la grande base, 37 m. 60 à la petite et 25 m. de hauteur. Quelle est sa superficie?
2. Ce jardin est payé 239^f,40 A combien revient l'hectare?
3. Quelle serait la largeur d'un terrain rectangulaire égale surface et dont la longueur serait 75 mètres?

SAMEDI.

1. Qu'est-ce que le franc?
2. Quels sont les deux titres des monnaies d'argent?
3. Quel est le titre de la monnaie d'or?
4. Quel serait le poids d'une somme de 4340 fr., 1° en argent; 2° en or; 3° en bronze?

ONZIÈME MOIS.

RÉCAPITULATION GÉNÉRALE (suite).

1re SEMAINE.

LUNDI.

1. Diviser 5 par $5/7$; $3/4$ par 5; $7/8$ par $5/6$

ONZIÈME MOIS.

2. Un banquier escompte un billet de 700ᶠ payable dans 9 mois et il donne 570 fr. 75. A quel taux l'a-t-il escompté ?
3. J'achète une feuillette de vin de 132 litres à raison de 75 fr. la pièce de 225 litres. Combien dois-je payer ?

MARDI.

1. Quel est au change des monnaies le prix d'un kilogr. d'argent pur ? — Celui d'un kilogr. d'or pur ?
2. Je mets dans le plateau d'une balance une somme en pièces de 5 fr. qui fait équilibre aux poids suivants : 1/2 kil., double hectog., double décagr. et demi-décagr. Dire : 1° combien il y a de pièces de 5 fr., 2° combien de pièces de 5 fr en or il faudrait pour remplacer les poids et faire l'équilibre.

MERCREDI.

1. Diviser 7,5 par 36,975 (à 0,0001 près).
2. 3600 soldats ont pour 45 jours 24300 kilog. de ration. Combien faudrait-il de kilogr. pour nourrir pendant 9 semaines un détachement de 2700 hommes ?

VENDREDI.

1. Pour trouver le titre d'un alliage, il suffit de diviser le poids du métal fin par le poids de l'alliage. Par conséquent dire à quel titre est un ouvrage d'argent composé de 798 gr. d'argent et 525 de cuivre.
2. Que vaudrait cet objet au change des monnaies ?
3. Quelle est la valeur d'une somme composée de monnaie d'or et d'argent et qui pèse au total 1400. ? La monnaie d'argent forme les 5/7 du poids total.

SAMEDI.

1. Réduire en fractions décimales, à moins de 0,001 près : 7/15   8/11   5/8   27/56
2. 4 créanciers font vendre les meubles d'un débiteur commun. Il est dû au 1ᵉʳ 750 fr., au 2ᵉ 1200 fr., au 3ᵉ 275 fr., et au 4ᵉ 4300 fr. La vente produit, tous frais payés, 1938ᶠ,75. Que revient-il à chaque créancier ?
3. Quel est le tiers 1/2 de 3850 ?

2ᵉ SEMAINE.

LUNDI.

1. Diviser 470 par les 5/6 de 5 892 et pousser l'exactitude jusqu'aux millièmes.
2. Quel est le nombre qui ajouté aux $^2/_3$ de 609 fait 775?
3. Je mélange ensemble 150 lit. de vin valant 35ᶠ l'hectolitre avec 35 décalitres d'un autre valant 101ᶠ,25 la pièce de 225 litres. Que vaut le litre du mélange?

MARDI.

1. Combien faut-il de doubles-décilitres pour emplir au quart une mesure d'un hectolitre?
2. Une pièce d'eau circulaire de 25 m. de diamètre doit être entourée d'une bordure en dalles de 0 m. 72 de longueur. Combien en faudra-t-il?
3. On voudrait paver le fond de ce bassin. Dire ce que cela coûterait à raison de 3 fr. 50 le mètre carré?

MERCREDI.

1. De 25 $^5/_6$ retranchez 18 $^7/_8$.
2. Pour tapisser une chambre il a fallu 15 rouleaux de 12 mètres de tenture ayant 0ᵐ,50 de large. Combien en faudrait-il de mètres pour tapisser une autre chambre dont les murs ont une superficie de $^2/_5$ moins grande, avec du papier ayant 60 cent. de large?

VENDREDI.

1. Écrire et additionner 25 centimètres cubes + 14 déc. cubes + 75 litres + 1 875 décim. cubes. + 1 litre 75 centil. + 575 centim. cubes + 2 mètres cubes 6 centimètres cubes. (Répondre en mètres cubes et fractions de mètre cube.)
2. Que vaut au change des monnaies une timbale en argent au deuxième titre pesant 125 grammes?
3. Que vaut au change des monnaies un bijou en or au troisième titre pesant autant que 8 centilitres $^1/_{10}$ d'eau pure?

SAMEDI.

1. Quelle est la valeur d'une somme en or pesant autant que 2 décil. $^1/_2$ d'eau pure?
2. J'ai un champ rectangulaire de 163ᵃ,35 de surface,

60,50 de large, je veux l'élargir en achetant au voisin
parcelle de 32,67. Quelle sera la largeur de la bande
terre que je dois acheter ?

3ᵉ SEMAINE.

LUNDI.

Multiplier les 7/8 de 2 871 par les 8/15 de 67 815 et septu-
le produit.
Je place 8 500ᶠ à 4 1/2 %. Chaque année je laisse s'ac-
ler l'intérêt, c'est-à-dire que cet intérêt se joint au ca-
pour former à son tour intérêt. Qu'est devenu mon
au bout de 3 ans ?

MARDI.

Comment le franc dérive-t-il du mètre ?
Vous voulez acheter pour 75ᶜ de tabac valant 12ᶠ le
faute de poids, le marchand pèse le tabac avec vos
Combien de décimes mettra-t-il dans le plateau ?
Combien pèse un morceau de sucre qui est équilibré
1° un litre en étain plein d'eau ; 2° 2 pièces de 5ᶠ en ar-
et 17 sous (le litre d'étain pèse vide 26 décag. 1/4) ?

MERCREDI.

Trouver les 3/4 des 5/8 des 7/9 des 8/11 des 17/20 de 6 336.
Une garnison de 1 800 hommes a des vivres pour
..nes. Au bout de 10 jours arrivent 400 hommes de
combien de temps encore dureront les vivres ?

VENDREDI.

Donner toutes les divisions du temps depuis le siècle
la seconde.
Combien de minutes s'est-il écoulé depuis le commence-
siècle jusqu'à l'heure où vous faites ce problème ?

SAMEDI.

Trouvez le quotient de 703.461.861.320 par 890 360.
On a payé 852ᶠ pour 30 pièces de toile de chacune
Quel est le prix du mètre de cette toile ?

4ᵉ SEMAINE.

LUNDI.

1. Diviser $2/3$ par le produit de $5/6$ par $3/4$.
2. Les $4/5$ d'une pièce de toile ont coûté 210ᶠ. Combien valait la pièce entière et quelle était sa longueur, si le mètre de toile coûte 3ᶠ,50 ?
3. Quel est le prix de 57ᵐ $4/9$ d'étoffe à 2ᶠ,75 le mètre ?

MARDI.

1. Combien y a-t-il de secondes 1° dans un degré, 2° dans une circonférence ?
2. En 24 heures le soleil éclaire successivement toute la surface de la terre : combien de degrés éclaire-t-il par heure ?
3. D'après le résultat du dernier problème, quelle heure est-il à Saint-Pétersbourg quand il est midi à Paris ? (Saint-Pétersbourg est à 28° de longitude Est de Paris.)

MERCREDI.

1. Quelle est la 10 000ᵉ partie du produit de 798 075 par 9 008 760 ?
2. Une personne place à 5 % le produit qu'elle retire en vendant 4 500ᶠ l'hectare une propriété de forme trapézoïdale ayant 175ᵐ à la grande base, 88ᵐ à la petite et 220ᵐ de hauteur. Quel revenu annuel se procure-t-elle ?

VENDREDI.

1. Que vaut en mètres un arc de méridien de 165° ?
2. Quelle est la longueur du rayon terrestre ?
3. La surface d'une sphère étant égale à celle de 4 cercles de même rayon, trouver la surface de la terre.

SAMEDI.

1. Trouvez le quotient de 406.871.570.100 par 47 825.
2. Un oncle laisse à 4 neveux une maison et un terrain carré de 180ᵐ de côté. La maison a été vendue 15 000ᶠ et le terrain 25ᶠ l'are. Que revient-il à chaque neveu, le testament les obligeant de partager en proportion de leur âge. Le 1ᵉʳ a 25 ans, le 2ᵉ 32 ans, le 3ᵉ 45 ans et le 4ᵉ 48 ans.

Abbeville. — Typ. et stér. Gustave Retaux.

OUVRAGES DE M. CUIR

Les Petits Écoliers, livre de lecture courante sur les d
et les qualités des enfants, in-16 cart., avec de nombr
gravures ; 4° édition. Hachette et Cie............ 0

Exercices de Calcul préparés pour chaque jour de l'a
scolaire (*Cours élémentaire*), in-16 cart. Librairie Ch. E
maison Vanblotaque, et chez l'auteur, à Montg
(Seine-et-Oise). 2° édition........................ 0 f

Exercices de Calcul et de Système métrique (*Cours mo
entièrement conforme au programme du départemer
la Seine, à la librairie Ch. Bazin et chez l'auteur, ir
cart. 2° édition............................... 0 fr

Les 2 Cours réunis, *partie du Maître*, avec solutions, ir
broché .... 0 fr

Problèmes d'Arithmétique de 2e année, correspondant
2e année d'Arithmétique de M. Leyssenne, à l'usage
aspirants au certificat d'études, par MM. LEYSSENNE et C
in-12, cart., librairie A. Colin et Cie. 3° édition. 0 fr

Le même ouvrage, *partie du Maître*. 2° édition... 1 fr

Ces divers ouvrages ont valu à leur auteur une *Médail*
vermeil (la plus haute récompense) à l'Exposition scolair
Versailles.

---

912. — Abbeville. — Typ. et stér. Gustave Retaux.